高等职业教育精品工程系列教材

基于 Verilog HDL 的 FPGA 项目开发教程

张定祥　主编

电子工业出版社

Publishing House of Electronics Industry

北京·BEIJING

内 容 简 介

本书以实用性为出发点,采取由浅入深、循序渐进的方式介绍了 FPGA 应用技术。

全书分为 4 个项目,项目 1 介绍 FPGA 的基础知识,使读者了解 FPGA 开发板和 ModelSim 仿真环境。项目 2 介绍了硬件描述语言 Verilog HDL 的基本语法知识,以及数字电路基本单元的描述、设计和仿真测试。项目 3 介绍了基于 FPGA 的单元电路设计调试。项目 4 介绍了基于 FPGA 技术的综合项目开发。本书以典型工作任务为主线编排教学内容,方便教师开展项目式教学,操作性强。

本书可作为高职高专院校电子信息类、计算机类、自动化类等专业的教材,也可作为应用型本科、开放大学、成人教育相关专业的教材,还是电子工程技术人员的参考工具书。

图书在版编目(CIP)数据

基于 Verilog HDL 的 FPGA 项目开发教程 / 张定祥主编. —北京:电子工业出版社,2022.1

ISBN 978-7-121-42354-3

Ⅰ. ①基… Ⅱ. ①张… Ⅲ. ①可编程序逻辑器件—系统设计—高等学校—教材 Ⅳ. ①TP332.1

中国版本图书馆 CIP 数据核字(2021)第 231407 号

责任编辑:郭乃明　　　　特约编辑:田学清
印　　刷:北京盛通数码印刷有限公司
装　　订:北京盛通数码印刷有限公司
出版发行:电子工业出版社
　　　　　北京市海淀区万寿路 173 信箱　　　　邮编:100036
开　　本:787×1092　　1/16　　印张:14.25　　字数:293.4 千字
版　　次:2022 年 1 月第 1 版
印　　次:2025 年 1 月第 5 次印刷
定　　价:43.00 元

前　言

当前，我们正面临着一场前所未有的科技革命，以大数据、人工智能、5G、云计算等为代表的新兴技术正在推动人类社会向数字化、智能化转变。随着数字时代的科技进步，数字集成电路由早期的电子管、晶体管、中小规模集成电路，发展到超大规模集成电路（Very Large Scale Integrated Circuit，VLSIC）以及许多具有特定功能的专用集成电路（Application Specific Integrated Circuit，ASIC）。但是由于 ASIC 固有的灵活性较差、设计及改版周期较长等缺点，现场可编程门阵列（Field Programmable Gate Array，FPGA）在控制系统和通信领域开始得到广泛应用。近年来，FPGA 又与嵌入式处理器结合日益紧密，构成了 FPGA 系统的新型应用方式。如今的 FPGA 早已实现简化数字逻辑的基本目标，并日益发展成为完成复杂信息处理任务不可或缺的重要工具之一。因此，相关企业需要大量的 FPGA 技术人才。为满足市场需要，许多高校已开设 FPGA 应用开发课程。

本书以实用性为出发点，采取由浅入深、循序渐进的方式介绍了 FPGA 应用技术。

全书分为 4 个项目，项目 1 介绍 FPGA 的基础知识，使读者了解 FPGA 开发板和 ModelSim 仿真环境。项目 2 介绍了硬件描述语言 Verilog HDL 的基本语法知识，并将其融入数字电路基本单元的描述、设计中，包括 13 个任务，主要内容有基本逻辑门电路、全加器、8 线-3 线编码器、优先编码器、3 线-8 线译码器、四选一选择器、数值比较器、触发器、计数器、分频器、移位寄存器、序列检测器、有限状态机。项目 3 介绍了基于 FPGA 的单元电路设计调试，包括 7 个任务，主要内容有流水灯设计、按键识别、数码管静态显示、数码管动态显示、蜂鸣器控制设计、LCD1602 控制设计、步进电动机控制设计。项目 4 介绍了基于 FPGA 技术的综合项目开发，包括 5 个任务，主要内容有基本门电路测试平台设计、数字钟设计、UART 通信接口设计、I²C 总线接口设计、基于软核 Nios II 的数码管动态扫描设计。

本书基于一套开发环境：EP4CE6F17C8 开发板、Quartus II 开发软件和 ModelSim 仿真环境。

本书的特色：

（1）以典型任务为主线编排教学内容；

（2）任务大多来源于实践，方便开展项目化教学和技能训练；

（3）任务的设计由浅入深，贴合数字电路基础，方便读者入门和掌握。

本书的参考学时为 60～108 学时，各院校可结合专业背景和实训环境对不同设计任务做适当选择，建议理论教学 30 学时左右，其余学时用于实践教学。

本书由贵州电子信息职业技术学院张定祥副教授编著，在编写过程中得到了电子信息工程系应用电子技术教研组全体老师的支持和帮助。此外，在编写过程中参考了许多学者的著作和研究成果，在此表示衷心的感谢！

由于时间仓促及作者水平有限，书中难免存在不妥之处，恳请读者批评指正。

为了方便教师教学，本书还配有免费的电子教学课件、源代码，请有此需要的教师登录华信教育资源网（http://www.hxedu.com.cn）免费注册后进行下载。若有问题，请在网站留言板留言或与电子工业出版社联系（E-mail：hxedu@phei.com.cn）。

目　录

项目 1　FPGA 的基础知识

任务 1.1　认识 FPGA 的硬件

随着微电子技术的高速发展，集成电路也不断向超大规模、超高速和低功耗的方向发展。传统数字电路课程设计在许多方面都滞后于现代数字电路的发展，如效率低、损耗大、电接触不稳定、实验装置缺乏稳定性和灵活性，成为创新和应用型人才培养的阻力，而 FPGA 具有设计技术齐全、效率高、易仿真、可移植性高等优点，可通过对芯片的设计来实现大规模数字系统，可以很好地解决上述问题。

FPGA（Field Programmable Gate Array），即现场可编程门阵列，它是在 PAL、GAL、CPLD 等可编程器件的基础上进一步发展的产物。它是作为专用集成电路 ASIC 领域中的一种半定制电路而出现的，既解决了定制电路的不足，又克服了原有可编程器件门电路数有限的缺点。FPGA 能实现任何数字器件的功能，上至高性能 CPU，下至简单的 74 系列电路，都可以用 FPGA 来实现。在现代集成电路设计中，数字系统所占的比例越来越大，FPGA 设计开发周期短、集成度高、设计制造成本低、开发工具先进，将发挥越来越重要的作用。

1.1.1　PLD 的发展历程

可编程逻辑器件（Programmable Logic Device，PLD）是一种电子零件、电子组件，也是一种集成电路、芯片。PLD 芯片属于数字形态的电路芯片，而非模拟或混合信号（同时具有数字电路与模拟电路）芯片。PLD 是电子设计领域中极具活力和发展前途的一项技术，它的影响丝毫不亚于 20 世纪 70 年代单片机的发明和使用。

（1）1947 年，美国新泽西州贝尔实验室研制一种点接触型的锗晶体管。第一个晶体管的诞生开启了微电子技术的大幕。1958 年，仙童公司与德州仪器（TI）公司先后发明了集成电路，开创了世界微电子学的历史。

（2）20 世纪 70 年代初期，熔丝编程的 PROM 的出现，标志着 PLD 的诞生。它由固定的与阵列和可编程的或阵列组成，只能写一次，不能擦除和重写。随后出现了紫外线可擦除只读存储器（EPROM）和电可擦除只读存储器（EEPROM）。

（3）20 世纪 70 年代中期，出现可编程逻辑阵列（PLA）器件，其基本特点是与阵列和或阵列都可编程，既可实现组合逻辑，又可实现时序逻辑。

（4）1977 年，美国 MMI 公司率先推出的可编程阵列逻辑（PAL）器件，由可编程的与阵列和固定的或阵列组成。

（5）1985 年，Lattice 公司最先发明通用阵列逻辑（GAL）器件，它采用 EEPROM 工艺制作，能够电擦除重复编程。

（6）20 世纪 80 年代中期，Altera 公司推出了可擦除可编程逻辑器件（EPLD），它采用 EPROM 工艺或 EEPROM 工艺制作。EPLD 的基本逻辑单元是宏单元。宏单元由可编程的与或阵列、可编程寄存器和可编程 I/O 单元三部分组成。

（7）20 世纪 80 年代末，Lattice 公司提出了在线可编程（ISP）技术，推出了复杂可编程逻辑器件（CPLD）。

（8）1985 年，Xilinx 公司推出现场可编程门阵列（FPGA），采用 CMOS-SRAM 工艺制作。FPGA 的结构与门阵列 PLD 不同，其内部由可编程逻辑功能块（CLB）、可编程输入/输出块（IOB）和可编程互连资源（IR）组成。

（9）20 世纪末出现了 SOPC（片上可编程系统）器件，SOPC 是现代电子技术和电子系统设计的汇聚点和最新发展方向。SOPC 结合了 SoC 和 PLD、FPGA 的优点，集成了硬核或软核 CPU、DSP、存储器、外围 I/O 接口及可编程逻辑器件，用户可以利用 SOPC 平台自行设计各种高速高性能的 DSP 或特定功能的 CPU，从而使电子系统设计进入了一个全新的模式。在应用的灵活性和价格上，SOPC 有极大的优势，SOPC 被称为"半导体产业的未来"。

1.1.2　FPGA 的结构

1.　FPGA 的工作原理

FPGA 是可编程器件，那为什么它可以"编程"呢？这里将编程拆开来说，所谓的"程"，不过是具有一定含义的一堆 0、1 编码而已。编程，就是对这些具有特定含义的 0、1 编码进行组织编写。FPGA 的可编程性，其实质就是通过编写这些 0、1 编码来实现具体的电路功能，而且不同的编码可以让同一块 FPGA 实现不同的功能。FPGA 采用了逻辑单元阵列（LCA），内部包括可编程逻辑功能块（CLB）、可编程输入/输出块（IOB）和可编程互连资源三个部分，其基本结构如图 1-1 所示。

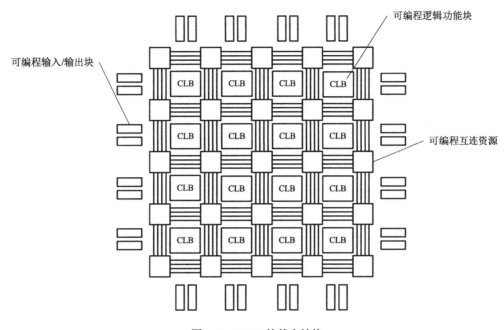

图 1-1 FPGA 的基本结构

FPGA 利用小型查找表（16×1RAM）来实现组合逻辑，每个查找表连接到一个 D 触发器的输入端，D 触发器再来驱动其他逻辑电路或驱动 I/O 模块，由此构成了既可实现组合逻辑功能又可实现时序逻辑功能的基本逻辑单元模块，这些模块间利用金属线互相连接或连接到 I/O 模块。查找表简称 LUT，其本质上就是一个静态存储器（SRAM）。目前 FPGA 中多使用四输入的查找表，所以每一个查找表可以看成一个有 4 位地址线的 RAM。查找表是这样实现的：首先 FPGA 开发软件会自动计算逻辑电路的所有可能结果，并将结果事先写入查找表中，当 FPGA 工作时，对输入信号所进行的逻辑运算就相当于输入一个地址进行查表，找出地址对应的内容并输出，即实现该逻辑功能。

这种基于 SRAM 工艺的芯片在掉电后信息会丢失，所以需要外加一片专用配置芯片。上电时，FPGA 将配置芯片 EPROM 中的数据读入片内编程 RAM 中，配置完成后，FPGA 进入工作状态。掉电后，FPGA 恢复成空白芯片，内部逻辑关系消失，因此，FPGA 能够无限次编程。FPGA 的编程无须专用的 FPGA 编程器，只需用通用的 EPROM 编程器或 PROM 编程器即可。当需要修改 FPGA 的功能时，只需换一片 EPROM 即可。这样，同一片 FPGA，当对其输入不同的编程数据时，就可以产生不同的电路功能。

2. FPGA 芯片的结构

当今主流的 FPGA 虽然还是基于查找表技术的,但是已远远超出了传统模式的基本性能,还整合了诸多其他常用功能。现在的 FPGA 芯片主要由以下 7 个部分组成。

1)可编程输入/输出块

可编程输入/输出块(IOB)又称 I/O 单元,是 FPGA 与外界电路的接口部分。一般将 IOB 划分为若干个组(Bank),以适应不同的电气标准,每个组的接口标准由其接口电压 $Vcco$ 决定,每个组只能有一种接口电压,不同组的接口电压可以不同。只有具有相同电气标准的 I/O 口才能连接在一起。典型的 IOB 内部结构如图 1-2 所示。

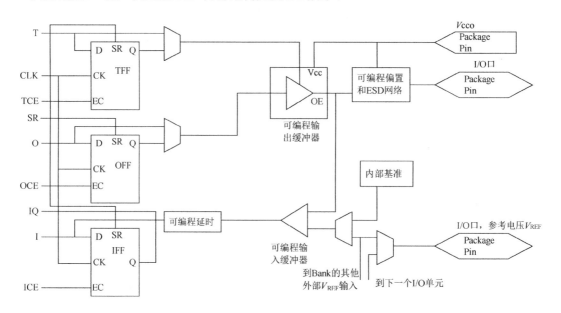

图 1-2 典型的 IOB 内部结构示意图

2)可编程逻辑功能块

可编程逻辑功能块(CLB)是 FPGA 的编程设计部分,通过对硬件描述语言的设计实现对内部配置的改变,完成电路功能设计。其主要由查找表和寄存器(Register)构成。图 1-3 所示的可编程逻辑功能块,就是 Altera 公司的基本逻辑单元(Logic Element,LE),它由一个查找表和一个寄存器构成。

3)数字时钟管理模块

数字时钟管理模块(DCM)由四部分组成:DLL(数字延迟锁相环)、DFS(数字频率合成器)、DPS(数字移相器)、DSS(数字频谱扩展器)。它主要用于数字时钟管理和相位环路锁定。

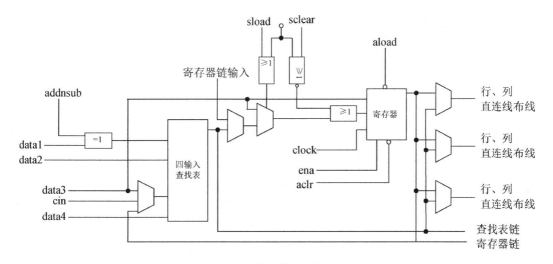

图 1-3 Altera 公司的可编程逻辑功能块的构成

4）嵌入式块 RAM

嵌入式块 RAM 即 FPGA 内嵌的块 RAM，是一种通用的存储器，可以将它灵活地配置为单端口 RAM、双端口 RAM、伪双端口 RAM、内容地址存储器（CAM）及 FIFO（First In First Out，先进先出）存储器等存储结构。

5）丰富的布线资源

布线资源就是连接 FPGA 内部各单元的连线，它的长度和制作工艺决定了信号的驱动能力和传输速度。布线资源可划分为以下几类：①全局性的布线资源；②FPGA 内部各组之间的长线资源；③连接逻辑单元之间的短线资源；④其他的布线资源和专用控制信号线。

6）底层内嵌功能模块

底层内嵌功能模块包含 DLL（数字延迟锁相环）、PLL、DSP 和 CPU 等软处理核。其中 DLL（Xilinx 公司）和 PLL（Altera 公司）的功能相似，主要实现时钟的倍频和分频及占空比的调整等。

7）内嵌专用硬核

内嵌专用硬核是指 FPGA 芯片里嵌入的相当于固定的 ASIC 的硬核（Hard Core），比如主流的 FPGA 中都集成的用于提高乘法速度的专用乘法器、高端 FPGA 内部集成的用来提高通信速度的串并收发器（SERDES）。

1.1.3 FPGA 主要生产厂商与芯片说明

1. FPGA 生产厂商

世界上第一款 FPGA 产品 XC2064 是由 Xilinx 公司于 1985 年推出的，其逻辑门数量不超过 1000 个。30 年后，就是这块不起眼的可编程逻辑器件 FPGA 从电子设计的外围器件逐步演变为数字系统的设计核心。在 FPGA 的技术与市场份额上，首推 Xilinx（赛灵思）和 Altera（阿尔特拉）两家公司。这两家公司共占了 90% 左右的市场份额，申请专利超过 6000 项。

1）Xilinx 公司

Xilinx 公司是全球领先的可编程逻辑完整解决方案的供应商。Xilinx 公司成立于 1984 年，Xilinx 公司首创了现场可编程门阵列（FPGA）这一技术，并于 1985 年首次推出商业化产品。目前 Xilinx 公司满足了全世界对 FPGA 产品一半以上的需求。

Xilinx FPGA 主要分为两大类：一类侧重于低成本应用，容量中等，性能可以满足一般的逻辑设计要求，如 Spartan 系列；另一类侧重于高性能应用，容量大，性能可以满足各类高端应用，如 Virtex 系列，用户可以根据自己的实际应用要求进行选择。 在性能可以满足的情况下，优先选择低成本器件。

ISE 是使用 Xilinx 公司的 FPGA 必备的设计工具，目前官方提供下载的最新版本是 ISE 14.4。它可以完成 FPGA 开发的全部流程，包括设计输入、仿真、综合、布局布线、生成 BIT 文件、配置及在线调试等，功能非常强大。ISE 除功能完整、使用方便外，它的设计性能也非常好，以 ISE 9.x 来说，其设计性能比其他解决方案平均快 30%，它可提供最佳的时钟布局、更好的封装和时序收敛映射，从而拥有更高的设计性能。

2）Altera 公司（目前已被 Intel 公司收购）

Altera 公司于 1983 年成立，是一家专门设计、生产、销售高性能、高密度 PLD 及相应开发工具的公司。Altera 公司是世界上 SOPC 解决方案倡导者。1984 年，Altera 公司推出 EP300 系列，它是世界上第一个易擦除 PLD 系列。Altera 公司成为世界上第一个 PLD 供应商，同时成功开发了第一个基于 PC 的开发系统。

Altera FPGA 分为两大类：一类侧重于低成本应用，容量中等，性能可以满足一般的逻辑设计要求，如 Cyclone、Cyclone II；另一类侧重于高性能应用，容量大，性能可以满足各类高端应用，如 Stratix、Stratix II 等，用户可以根据自己的实际应用要求进行选择。

Quartus II 是 Altera 公司发布的综合性 PLD/FPGA 开发软件，具备原理图、VHDL、Verilog HDL 及 AHDL（Altera Hardware 支持 Description Language）等多种设计输入形式，内嵌自有

的综合器及仿真器，可以完成从设计输入到硬件配置的完整 PLD 设计流程。

2．FPGA 芯片说明

1）FPGA 引脚说明

FPGA 引脚分为两类：专用引脚和用户自定义引脚。

专用引脚大概占 FPGA 引脚的 20%~30%，又分为以下 3 个子类：

（1）电源引脚：接地或阳极引脚（内核电压端 VCCINT 或 I/O 电压端 VCCIO）。

（2）配置引脚：用来下载 FPGA 的编译硬件代码，如 MSEL[1:0]用来选择配置模式，nCNFIG 用来配置起始信号，nSTATUS 用来配置状态信号，CONF_DONE 用来配置结束信号。

（3）专用输入或时钟引脚：它们能驱动 FPGA 内部的全局网络，用于输入时钟和信号，如 VCC_PLL PLL 用于输入引脚电压，VCCA_PLL PLL 用于输入模拟电压，GNDA_PLL PLL 用于接模拟地，GNDD_PLL PLL 用于接数字地，CLK[n] PLL 用于输入时钟信号。

其他的引脚就是用户引脚了。

2）配置方式

FPGA 器件有三类配置下载方式：主动配置方式（AS）、被动配置方式（PS）和常用的 JTAG 配置方式。

（1）主动配置方式。

主动配置方式中，由 FPGA 器件引导配置操作过程，它控制着外部存储器和初始化过程。EPCS 系列配置芯片有 EPCS1、EPCS4 等。在采用主动配置方式时，配置数据通过 DATA0 引脚输入 FPGA 器件。配置数据被同步在 DCLK 输入上，1 个时钟周期传送 1 位数据。

（2）被动配置方式。

被动配置方式中，由外部计算机或控制器控制配置过程，通过 Altera 公司的下载电缆、加强型配置器件（EPC16）等或智能主机（如微处理器）来完成配置。在采用被动配置方式配置期间，配置数据从外部储存部件通过 DATA0 引脚输入 FPGA 器件。配置数据在 DCLK 上升沿锁存，1 个时钟周期传送 1 位数据。

（3）JTAG 配置方式。

JTAG 接口是一个业界标准接口，主要用于芯片测试等功能。JTAG 配置方式比其他任何方式优先级都高。JTAG 接口有 4 个必需信号引脚和 1 个可选信号引脚，即 TDI，用于测试数据的输入；TDO，用于测试数据的输出；TMS，为模式控制引脚，决定 JTAG 电路内部的 TAP 状态机的跳变；TCK，用于测试时钟的输入，其他信号线都必须与 TCK 信号线同步；TRST 为可选信号引脚，如果 JTAG 电路不使用，可以将其连到 GND 引脚上。

1.1.4　开发工具

1. ModelSim 仿真软件介绍

Mentor 公司的 ModelSim 是业界非常优秀的 HDL 语言仿真软件，它能提供友好的仿真环境，是目前业界唯一的单内核支持 VHDL 和 Verilog HDL 混合仿真的仿真器。它采用直接优化的编译技术、Tcl/Tk 技术和单一内核仿真技术，编译仿真速度快，编译的代码与平台无关，便于保护 IP 核，是 FPGA/ASIC 设计的首选仿真软件。

ModelSim 仿真软件的主要特点如下：

（1）可用于 RTL 和门级优化，具有本地编译结构，编译仿真速度快，可进行跨平台跨版本仿真。

（2）单内核，支持 VHDL 和 Verilog HDL 混合仿真；

（3）有源代码模板和助手，方便进行项目管理；

（4）集成了性能分析、波形比较、代码覆盖、数据流 ChaseX、Signal Spy、虚拟对象（Virtual Object）、Memory 窗口、Assertion 窗口、源码窗口显示信号值、信号条件断点等众多调试功能；

（5）有 C 和 Tcl/Tk 接口，采用 C 语言调试模式；

（6）直接支持 SystemC，支持 HDL 语言；支持 SystemVerilog 设计功能；对系统级描述语言（SystemVerilog、SystemC、PSL）提供了最全面支持。

2. Quartus II 简介

Quartus II 是 Altera 公司的综合性 PLD/FPGA 开发软件，支持原理图、VHDL、VerilogHDL 及 AHDL（Altera Hardware Description Language）等多种设计输入形式，内嵌自有的综合器及仿真器，可以完成从设计输入到硬件配置的完整的 PLD 设计流程。

综合是指将输入的代码、原理图等翻译成由与门、或门、非门及 RAM、触发器等基本逻辑单元组成的逻辑连接，并根据目标及要求优化所生成的逻辑，最后输出 EDF 或 VQM 网表文件供布局布线使用。

Quartus II 可以在 Windows XP、Linux 及 UNIX 上使用，除可以使用 Tcl 脚本完成设计流程外，还提供了完善的用户图形界面设计方式。它具有运行速度快、界面统一、功能集中、易学易用等特点。

Quartus II 支持 Altera 的 IP 核，包含了 LPM/MegaFunction 宏功能模块库，使用户可以充分利用成熟的模块，简化了设计流程，加快了设计速度。其对第三方 EDA 工具的良好支持也使用户可以在设计流程的各个阶段使用熟悉的第三方 EDA 工具。

1.1.5　技能实训：FPGA 开发板认知

1. 实训目的

通过本次实训，能对 FPGA 硬件电路及其开发系统有一个初步的认识，了解 FPGA 的最小系统的构成。

2. 开发板的结构

开发板是作者总结多年的教学经验与实践，设计的一款数字综合实验平台。它可以满足本书所涉及的相关课程教学、项目开发等的要求。这款开发板以 Altera 公司的 Cylone Ⅳ 芯片为核心，配以基本的电源、存储系统、配置器件构成最小系统，并在此基础上外接基本实验器件、常用芯片、接口、复杂外设、扩展 I/O 接口等构成一个完整的 FPGA 开发平台。其电路布局如图 1-4 所示。

开发板分为三大部分：第一部分是保证 FPGA 正常工作的最小系统设计，包括电源系统、外接晶振、复位电路、下载电路和用于 SOPC 设计的存储电路。采用 LED 作为电源指示灯和下载指示灯。第二部分是满足数字电路实验的外围基础电路，包括拨码开关、独立按键、LED 灯、数码管、蜂鸣器等，保证进行数字电路实验时能正常显示。第三部分是进行开发设计常用的芯片电路，包括实现与外部通信的 RS232 接口、RS485 接口；常用芯片包括温度传感 DS18B20、实时时钟 DS1302、存储芯片 24LC04 的控制电路和液晶 1602/12864 的接口电路，以及展现 FPGA 扩展优势的扩展接口电路。

3. 使用方法

开发板在使用时需要完成两个步骤，一是 USB-Blaster（下载线）驱动的安装；二是 JTAG 方式或 AS 方式的下载调试。

1—电源接口；2—电源开关；3—电源指示灯；4—RS485 接口；5—RS232 接口；

6—六联数码管；7—晶振（50MHz）；8—FPGA 芯片；9—扩展接口；10—12864 接口；

11—DS1302 电池；12—蜂鸣器；13—拨码开关；14—液晶 1602 接口；15—DS18B20 接口；

16—独立按键；17—LED 灯；18—JTAG 下载接口；19—AS 下载接口；20—下载指示灯

图 1-4　开发板电路布局示意图

1）USB-Blaster 驱动的安装

USB-Blaster 是 Altera 公司推出的常用的 FPGA 程序下载电缆，利用 USB 接口可将 Quartus II 综合后的文件下载到 Altera FPGA，实现在线调试、程序下载等操作。USB-Blaster 下载线驱动的安装方法如下：

将 USB-Blaster 下载线与计算机的 USB 接口连接，另一端与硬件平台的 JTAG 口或者 AS 口相连。启动 Quartus II 软件，找到 USB-Blaster 驱动的路径，如图 1-5 所示，即可完成驱动安装。

USB-Blaster 下载线本身就具备仿真和下载两种功能，所以，在开发过程中只需要下载线就可实现在线仿真和程序固化两个功能。其中 JTAG 方式主要用于在线仿真，程序通过 USB-Blaster 下载线下载到 FPGA 内部的 SRAM 中，掉电后程序会丢失；AS 方式用于最终的程序固化到外部的配置芯片 M25P16 中，程序会先下载到 FPGA 外部的配置芯片中，掉电后程序不会丢失。下次上电后，配置芯片中的程序都会自动加载到 FPGA 中，然后开始运行。

2）程序下载调试

硬件连接完成后，即可使用 Altera 的综合工具 Quartus II 将程序下载到开发板上进行软件测试。

（1）JTAG 方式下载方法。

首先，启动 Quartus II 软件，将在仿真工具 ModelSim 中仿真成功的源代码复制到程序编辑区，进行编译和综合，并配置端口引脚。

其次，配置 USB-Blaster 下载线，选择 JTAG 方式，添加.sof 文件，勾选程序配置项（Program/Configure），程序直接下载到 FPGA 的 SRAM 中，如图 1-6 所示。

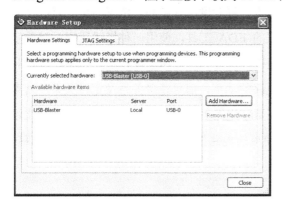

图 1-5　USB-Blaster 下载线驱动的安装

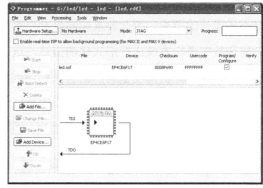

图 1-6　JTAG 方式下载

最后，打开电源开关，单击 Start 按钮，即可下载程序，然后进行在线调试，查看运行结果。

（2）AS 方式下载方法。

前面的步骤与 JTAG 方式一样，只是程序下载界面有区别。首先，选择 Active Serial Programming 方式，添加.pof 文件，勾选程序配置项后续三项，如图 1-7 所示。然后，单击 Start 按钮后，可断电，并拔掉 USB-blaster 下载线，再打开电源开关时，由于程序已固化到配置芯片里，导入 FPGA 即可直接运行，效果如图 1-8 所示。

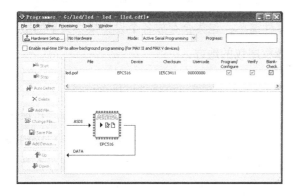

图 1-7　AS 方式下载

图 1-8　AS 方式固化程序后开发板通电运行图

任务 1.2 基于模块概念的二选一选择器设计

1.2.1 硬件描述语言

1. 硬件描述语言（HDL）概述

随着电子设计技术的飞速发展，设计的集成度、复杂度越来越高，传统的设计方法已满足不了设计的要求，因此要求能够借助当今先进的 EDA 工具，使用一种描述语言，对数字电路和数字逻辑系统进行形式化的描述，这就是硬件描述语言。所谓硬件描述语言，就是利用一种人和计算机都能识别的语言来描述硬件电路的功能，信号连接关系及定时关系，它可以比电路原理图更好地表示硬件电路的特性。在数字电路系统的设计过程中，采用分层化设计，自上而下的将复杂的数字系统逐层分解成简单的电路描述，来体现设计者的设计思路。

2. VHDL 与 Verilog HDL 的比较

硬件描述语言发展至今已有 20 多年的历史，并成功地应用于设计的各个阶段：建模、仿真、验证和综合等。20 世纪 80 年代后期，VHDL 和 Verilog HDL 语言先后成为 IEEE 标准语言。

1）VHDL 语言

20 世纪 70 年代末和 80 年代初，美国国防部提出 VHSIC 计划。1981 年 VHSIC 硬件描述语言出现，简称 VHDL。1987 年底，VHDL 被 IEEE 和美国国防部确认为标准硬件描述语言。VHDL 语言通常包含实体（Entity）、构造体（Architecture）、配置（Configuration）、包集合（Package）和库（Library）五部分。其中实体用于描述所设计的系统的外部接口信号；构造体用于描述系统内部的结构和行为，建立输入和输出之间的关系；配置语句安装具体元件到实体——结构体对，可以被看作设计的零件清单；包集合存放各个设计模块共享的数据类型、常数和子程序等；库是专门存放预编译程序包的地方。

2）Verilog HDL 语言

Verilog HDL 是在用途广泛的 C 语言的基础上发展起来的一种硬件描述语言，它是由 Gateway 设计自动化公司的工程师于 1983 年末创立的。1995 年 12 月，IEEE 制定了 Verilog HDL 的标准 IEEE 1364-1995。2009 年，IEEE 1364-2005 和 IEEE 1800-2005 两个部分合并为 IEEE 1800-2009，成为了一个新的、统一的 System Verilog 硬件描述验证语言 VHDL。Verilog

HDL 语言采用模块化的结构，以模块集合的形式描述数字电路系统，其基本设计单元就是模块。模块中可以包括组合逻辑部分、过程时序部分。两种 HDL 语言编写的二选一选择器如表 1-1 所示。

表 1-1 Verilog HDL 语言与 VHDL 语言描述的二选一选择器

Verilog HDL 语言写法	VHDL 语言写法	
module muxtwo(out,a,b,sel);	library ieee;	//库
//模块名	use ieee.std_logic_1164.all;	//调用函数
input a,b,sel;	**entity** mux 2to1 is	//实体
//输入信号声明	port(a,b,sel;in std_logic;	//端口说明
output out; //输出信号声明	out;out std_logic);	
reg out; //定义寄存器变量	end mux 2to1;	
//功能描述	**architecture** rt1 of mux 2to1 is	//构造体
always@(sel or a or b)	begin	
if(! sel)out=a;	process(sel,a,b)	//并行处理语句的一种
else out=b;	begin	
endmodule	if(sel='0') then out<=a;	
	else out<=b;	
	end if;	//功能描述
	end process;	
	end rt1;	

1.2.2 模块建模与测试

1. 模块及建模方式

在数字电路设计中，数字电路可简单归纳为两种要素：线和器件。Verilog HDL 的建模实际上就是使用 Verilog HDL 语言对数字电路的两种基本要素的特性及相互之间的关系进行描述的过程。

1）模块的概念

模块（module）是 Verilog HDL 的基本描述单位，用于描述某个设计的功能或结构及与其他模块通信的外部端口。比如 2.1 节 Verilog HDL 语言描述的二选一选择器。

整个 Verilog HDL 程序嵌套在 module 和 endmodule 声明语句中。每条语句相对 module 和 endmodule 缩进 2 格或 4 格。"// ……"表示注释部分，一般只占据一行。

2）模块的结构

Verilog HDL 模块的结构由在 module 和 endmodule 关键词之间的 4 个主要部分组成，以图 1-9 为例：

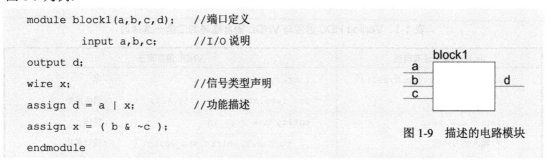

```
module block1(a,b,c,d);      //端口定义
        input a,b,c;         //I/O 说明
output d;
wire x;                      //信号类型声明
assign d = a | x;            //功能描述
assign x = ( b & ~c );
endmodule
```

图 1-9　描述的电路模块

（1）端口定义。格式：module 模块名（端口 1，端口 2，端口 3，… ）；

模块的端口表示模块的 I/O 口名，也就是与其他的模块联系的端口标识。

在引用模块时其端口可用两种方法连接：

① 严格按照模块定义的端口顺序连接，不必标明原模块定义时规定的端口名，如

模块名（连接端口 1 信号名，连接端口 2 信号名，…）；

② 在引用时用"·"，标明原模块是定义时规定的端口名，如

模块名（·原端口 1（连接信号 1 名），·原端口 2（连接信号 2 名），…）；

这种引用方法的优点在于可以用端口名与被引用模块的端口相对应，而不必严格按端口顺序对应，提高了程序的可读性和可移植性。

（2）I/O 说明。格式：

输入口：input[信号位宽-1：0]端口名 1；input[信号位宽-1：0]端口名 2；

输出口：output[信号位宽-1：0]端口名 1；output[信号位宽-1：0]端口名 2；

必须具体说明所有端口的输入和输出类型。

（3）内部信号说明。格式：reg[width-1：0] R 变量 1，　R 变量 2，… ；

wire[width-1：0] W 变量 1，W 变量 2，… ；

在模块内用到的与端口有关的 wire 和 reg 类型变量的声明。

（4）功能定义。在 Verilog HDL 模块中有 3 种方法可以描述电路的逻辑功能：

① 用 assign 语句：

```
assign x = ( b &~c ); //连续赋值语句，常用于描述组合逻辑
```

② 用元件例化（instantiate）：

```
and myand3( f,a,b,c);              //门元件例化
```

元件例化即调用 Verilog HDL 提供的元件，它包括门元件例化和模块元件例化，要求每个实例元件的名称必须唯一。

③ 用 always 块语句：

```
always @(posedge clk)              // 每当时钟上升沿到来时执行一遍块内语句
   begin
      if(load)
         out = data;               // 同步预置数据
      else
         out = data + 1 + cin;     // 加1计数
   end
```

3）建模方式

在 Verilog HDL 的建模中，建模方式主要有结构化描述方式、数据流描述方式和行为描述方式，下面分别举例说明三者之间的区别。

（1）结构化描述方式。

结构化的建模方式就是通过对电路结构的描述来建模，即通过对器件的调用（例化），并使用线网来连接各器件的描述方式。结构化的描述方式反映了一个设计的层次结构。

例 1：二选一选择器（电路结构如图 1-10 所示）。

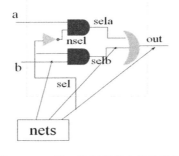

图 1-10　二选一选择器的电路结构图

```
`timescale 1ns/1ns
module sele1(out,a,b,sel);
   input  a,b,sl;
   output  out;
   wire  nsel,sela,selb;   //定义内部连线
```

```
    not  u1(nsel,sel);        //非门元件例化
    and  #1 u2(sela, a, nsel);
    and  #1 u3(selb, b, sel);
    or   #2 u4(out, sela, selb);
endmodule
```

（2）数据流描述方式。

数据流的建模方式就是通过对数据流在设计中的具体行为的描述来建模。在数据流描述方式中，还必须借助于 Verilog HDL 提供的一些运算符，如按位逻辑运算符：逻辑与（&）、逻辑或（|）、逻辑非（~）等。

例 2：二选一选择器（逻辑表达式）。

```
module sele2(out,a,b,sel);
    input  a,b,sel;
    output out;
    assign out=(a&(~sel))|(b&sel);
endmodule
```

（3）行为描述方式。

行为方式的建模是指采用对信号进行行为级的描述（不是结构级的描述）的方法来建模。该建模方式通常需要借助一些行为级的运算符，如加法运算符（+）、减法运算符（−）等。

例 3：二选一选择器（电路行为），模块图如图 1-11 所示。

```
module sele3(out,a,b,sel);
    input  a,b,sel;
    output out;
    reg  out;
    always @ (sel or a or b)
      if(!sel)  out=a;
        else  out=b;
endmodule
```

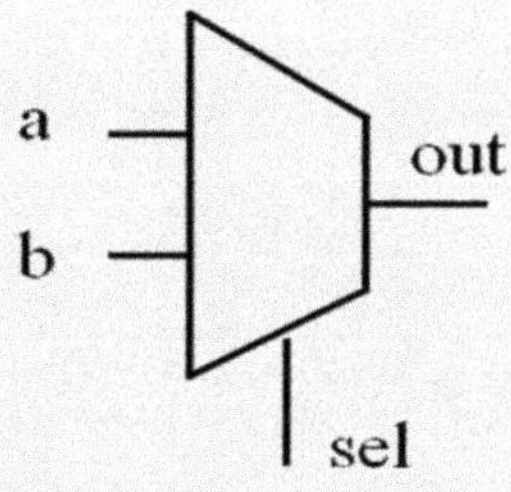

图 1-11　二选一选择器的模块图

2. 逻辑仿真

Verilog HDL 功能模块设计完成后，并不代表设计工作的结束，还需要对设计进行进一步的仿真验证。在 RTL 逻辑设计中，要学会根据硬件逻辑来编写测试程序即编写 Testbench。

1）Testbench 简介

编写 Testbench 的主要目的是对使用硬件描述语言（HDL）设计的电路进行仿真验证，

测试设计电路的功能、部分性能是否与预期的目标相符。一个完整的 Testbench 包含下列几个部分：

（1）module 的定义，一般无 I/O 口；

（2）信号的定义，定义哪些是输入信号，输入的定义为 reg 型，输出的定义为 wire 型；

（3）实例化待测试的模块；

（4）提供测试激励。

2）激励信号

编写 Testbench（测试代码）是数字电路设计中不可或缺的一种设计方法，主要提供的是激励。对于 Testbench 而言，端口应当和被测试的模块端口一一对应。input 对应的端口应当声明为 reg 型，output 对应的端口声明为 wire 型。

（1）组合逻辑电路的 Testbench 编写。

一般用 initial 块给信号赋值，initial 块执行一次，将组合逻辑电路的输入信号的所有可能值都罗列出来。以前述的二选一选择器为例，编写它的 Testbench：

```
`timescale 10ns/1ns
module muxtwo_tf;                //测试模块名：被测模块名+_tf
  reg a,b,sel;                   //输入声明为 reg 型
  wire out;                      //输出声明为 wire 型
  muxtwo u1(out,a,b,sel);        //例化被测模块
  initial
    begin
         a=0;b=0; sel=0;         //罗列三种信号（a，b，sel）的所有可能，8 种组合
      #10 a=0;b=0; sel=1;     #10 a=0;b=1; sel=0;       #10 a=0;b=1; sel=1;
      #10 a=1;b=0; sel=0;     #10 a=1;b=0; sel=1;       #10 a=1;b=1; sel=0;
      #10 a=1;b=1; sel=1;     #20 $stop;
    end
endmodule
```

（2）时序逻辑电路中产生激励的一些描写方式。

① 时钟信号的产生。

使用 initial 方式产生占空比 50% 的时钟：

```
initial
   begin
       CLK = 0; //时钟赋初值
```

```
              forever  #(period/2) CLK = ~CLK;
    end
```

注意：一定要给时钟赋初值，因为信号的默认值为 z，如果不赋初值，则反相后还是 z，时钟就一直处于高阻状态。

使用 always 方式：

```
initial
    CLK = 0;
always #(period/2) CLK = ~CLK;
```

使用 repeat 产生确定数目的时钟脉冲：

```
initial
begin
CLK = 0;
repeat(6)  #(period/2) CLK = ~CLK;
end
```

② 复位信号的产生。复位信号就是在复位电平下延时一段时间，然后将复位电平信号取反，如：

```
rst=0;      #10 rst=1;
```

initial 开头的这个过程在 Testbench 中只执行一次，rst 在 0 时刻为低电平（也就是逻辑 0），10 个时间单位后变成高电平，从而形成了一个上电复位。复位有同步复位与异步复位之分，其描写方式如下：

I.异步复位：	II.同步复位：
`` `timescale 10ns/1ns ``	`` `timescale 10ns/1ns ``
`initial`	`initial`
`  begin`	`  begin`
`        rst = 1;`	`    rst = 1;`
// rst 复位信号初始化，低电平有效	`    @(negedge clk);`
`    #10  rst = 0;`	//等待始终下降沿
//延迟 10×10ns=100ns	`    repeat(5) @(negedge clk) ;`
`    #20  rst = 1;  `//延迟 200ns	//经过 3 个时钟下降沿
`  end`	`        rst = 1;`
	`  end`

同步复位的最大好处是可有效防止复位信号的毛刺引起的误复位操作；而异步复位，其复位信号的毛刺会立即引起电路复位。

异步复位可以在没有时钟的情况下完成复位，所以可以使电路在上电的时候完成对系统的复位，而且异步复位所消耗的资源比同步复位少。一般地，只要能保证复位信号的稳定，建议使用异步复位。

1.2.3 任务实践：仿真工具 ModelSim 入门教程

1. 实训目的

通过本次实训，熟悉仿真工具 ModelSim 的使用流程，掌握 ModelSim 的基本功能。仿真电路以本次任务的二选一选择器（muxtwo）为例。

2. 操作流程

（1）启动 ModelSim 软件。在启动软件之前，需要在系统中创建一个文件夹，文件夹的名称不能出现中文，否则容易出错。

（2）创建工程。进入 ModelSim 后，首先创建一个工程，选择 File→New→Project 命令，然后在弹出的 Create Project 对话框的 Project Name 栏中输入工程名 muxtwo，单击 Browse 按钮，选择前述建立的文件夹所在目录路径，如图 1-12 所示。

（3）新建文件。在 Create Project 对话框中单击 OK 按钮后，在弹出的对话框，单击 Create New File 图标，弹出 Create Project File 对话框，如图 1-13 所示。在 File Name 栏输入文件名 muxtwo，在 Add file as type 栏的下拉列表中选择 Verilog 项，创建新文件。

图 1-12 工程命名和保存   图 1-13 文件命名和类型选择

（4）编写源代码。创建文件后，会出现一个 Verilog HDL 文件 muxtwo.v，单击 Close 按钮，关闭创建文件界面，进入编写文件界面。双击已建文件 muxtwo.v，在右边将弹出代码编辑窗口，即可编写模块代码，如图 1-14 所示。

（5）输入测试代码。源代码编写完成之后，需要编写测试文件对其进行测试，查看是否达到设计要求。在编写文件界面的左边文件窗口空白处右击，选择 Add to Project→New File 命令，系统弹出 Create Project File 对话框。在 File Name 栏输入测试文件名称 muxtwo_tf，在 Add file as type 栏的下拉列表中选择 Verilog 项，创建测试文件，如图 1-15 所示。同样，双击已建文件 muxtwo_tf.v，在右边将弹出代码编辑窗口，即可编写测试模块代码。

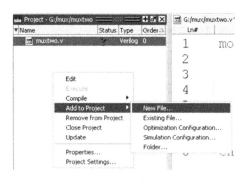

图 1-14　编写模块代码　　　　　　　　　　　图 1-15　新建测试文件

（6）编译与仿真。在完成代码的编写之后，单击保存按钮。执行 Compile→Compile All 命令或者单击编译按钮，完成编译。编译成功之后，两个文件上出现两个对号，如图 1-16 所示。

编译之后，单击编译按钮旁边的仿真按钮，弹出 Start Simulation 对话框。取消勾选 Optimazation 栏的 Enable Optimazation 复选框，在 Name 栏找到 Work 项的测试文件 muxtwo_tf，单击 OK 按钮。

（7）生成仿真波形。完成仿真之后，将弹出 sim 窗口，在测试文件上右击，选择 Add→To Wave→All items in design 命令，即可将测试文件的端口项加到波形文件中，如图 1-17 所示。

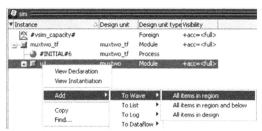

图 1-16　编译后仿真　　　　　　　　　　　图 1-17　生成仿真波形

在弹出的 Wave 子窗口中，单击仿真运行按钮，启动仿真，仿真波形窗口如图 1-18 所示。

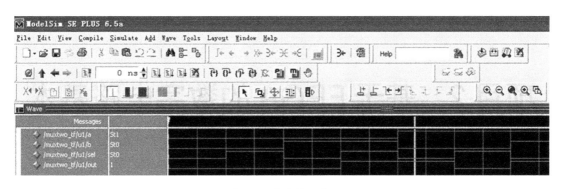

图 1-18　仿真波形窗口

（8）波形调整。将光标放到波形上，可以查询波形参数，在波形窗口有两组按钮比较常用，一是运行按钮组，如图 1-19 所示（从左至右依次是单步运行、连续运行、运行到结束、中断运行）；二是放大按钮组，如图 1-20 所示（从左至右依次是放大、缩小、全屏显示、以光标为中心局部放大、放大其他窗口）。

（9）结束仿真。若要结束仿真，选择 Simulation→End Simulation 命令。若要中断可选择 Simulation Break 命令。若出现错误或死循环，选择 Simulation→Run→Restart 命令，重新开始，而不必结束当前仿真，如图 1-21 所示。

图 1-19　运行按钮组

图 1-20　放大按钮组

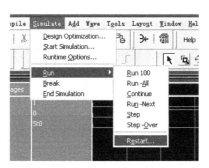

图 1-21　结束仿真命令

项目2 基于FPGA的数字电路基本单元仿真测试

任务2.1 描述基本逻辑门电路

2.1.1 理论知识

1. 标识符

1）定义

标识符用于定义模块名、端口名、信号名等。Verilog HDL 中的标识符可以是任意一组字母、数字、$符号和_（下画线）符号的组合，但标识符的第一个字符必须是字母或者下画线。另外，标识符是区分大小写的。

以下是合法的标识符：

```
Count、COUNT、R56_68、FIVE$
```

以下是不合法的标识符：

```
123a、$data、module、7seg.v
```

2）关键字

Verilog HDL 定义了一系列保留的标识符，称为关键字。注意，关键字用小写字母定义。例如，标识符 always（关键字）与标识符 ALWAYS（非关键字）是不同的。

为了方便学习和掌握，表 2-1 列出了常用的关键字及其功能。

表 2-1　常用的关键字及其功能

关　键　字	功　　能
module	模块定义开始标志
endmodule	模块定义结束标志
input	输入端口定义标志
output	输出端口定义标志
inout	双向端口定义标志
parameter	信号的参数定义标志
integer	整型数据定义标志
wire	线网型信号定义标志
reg	寄存器型信号定义标志
and	与门例化标志
or	或门例化标志
not	非门例化标志
xor	异或运算语句标志
assign	产生 wire 信号的关键字
always	产生 reg 信号的关键字
begin	顺序执行语句起始标志
end	顺序执行语句结束标志
if	二选一选择语句标志
else	二选一选择语句标志
case	case 语句起始标志
default	case 语句默认分支标志
endcase	case 语句结束标志
while	while 循环语句标志
for	for 循环语句标志
posedge/negedge	时序电路标志
initial	初始化语句标志

3）转义标识符

转义标识符中可包含任何可打印字符。转义标识符以"\（反斜线）"符号开头，以空白结尾（空白可以是一个空格、一个制表字符或换行符）。常见的转义标识符及其含义如表 2-2 所示。

表 2-2　常见的转义标识符及其含义

转义标识符	含　义
\n	换行符
\t	制表符
\\	反斜杠
\"	引号

转义标识符	含　义
\v	纵向制表符
\f	换页符
%%	百分号

2. 注释

为了方便对代码的修改或其他人阅读代码，设计人员通常会在代码中加入注释。Verilog HDL 中有两种注释方式：一种以"/*"符号开始，"*/"符号结束，在两个符号之间的语句都是注释语句，因此注释可扩展到多行；另一种是以"//"开头的语句，它表示以"//"开始到本行结束都属于注释语句。

3. 格式

Verilog HDL 的书写格式是自由的，即一条语句可多行书写；一行可写多个语句。空白（新行、制表符、空格）没有特殊意义。例如：

```
input A; input B;
```

与

```
input A;
input B;
```

是一样的。

除 endmodule 语句、begin…end 语句和 fork…join 语句外，每个语句和数据定义的最后必须有分号。

2.1.2　设计原理

逻辑门是集成电路的基本组件。通过由晶体管或 MOS 管组成的简单逻辑门，可以对输入的电平（高电平或低电平）进行一些简单的逻辑运算处理，而简单的逻辑门可以组合起来进行更复杂的逻辑运算，是超大规模集成电路的基础。

最基本的逻辑门是与门、或门和非门。此外，与非门、或非门、异或门、同或门也是比较常用的门电路。这 7 种电路既可以完成基本逻辑功能，又具有较强的负载驱动能力，便于实现复杂而又实用的逻辑电路。

Verilog HDL 语言以模块化的方式描述数字电路系统，所以模块是它的基本设计单元。

如何描述模块？可以先看看逻辑门的电路符号。表 2-3 列出了基本逻辑门电路的常见图形符号与逻辑表达式。

表 2-3　基本逻辑门电路的常见图形符号与逻辑表达式

序号	名称	国家标准 GB/T 4728.12 —1996 中的图形符号	逻辑表达式	国外流行的图形符号	曾用图形符号
1	与门	A B & F	$F=A \cdot B$	A B F	A B F
2	或门	A B ≥1 F	$F=A+B$	A B F	A B + F
3	非门	A 1 F	$F=\overline{A}$	A F	A F
4	与非门	A B & F	$F=\overline{A \cdot B}$	A B F	A B F
5	或非门	A B ≥1 F	$F=\overline{A+B}$	A B F	A B + F
6	异或门	A B =1 F	$F=A\overline{B}+B\overline{A}$	A B F	A B ⊕ F
7	同或门	A B = F	$F=AB+\overline{AB}$	A B F	A B ⊙ F
8	与或非门	A B C D & ≥1 F	$F=\overline{AB+CD}$	A B C D F	A B C D + F

2.1.3　模块符号

这些常用的逻辑门符号中，除非门和与或非门外，其他都是二输入门电路。构建一个二输入门电路的模块符号，如图 2-1 所示，其中 a、b 代表输入，f 代表输出。

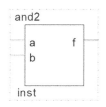

图 2-1　二输入门电路的模块符号

2.1.4　硬件描述代码

对于 Verilog HDL 模块的描述，一般将其放在关键字 module 和 endmodule 之间。模块由 4 个主要部分组成：端口定义、I/O 说明、内部信号说明、功能定义。这里以图 2-1 所示的二输入与门模块为例进行分析。

首先定义端口，如图 2-1 中 a、b、f。除了端口，还需要给模块取名，以便与描述的其他模块相区别。为了和 Verilog HDL 的门级原语相区别，将模块名加上数字，比如 and2。

```
and2(a,b,f);
```

其次定义输入、输出的属性，即进行 I/O 说明。一般将左边信号作为输入，右边信号作为输出。

```
input a,b;
output f;
```

再次是内部信号说明部分。一般组合逻辑信号定义为 wire 型，时序逻辑信号定义为 reg 型。一般系统默认为 wire 型，可以不用标示。

最后是功能定义部分。这是最重要的部分，也是描述的核心。可以根据逻辑表达式、真值表、特性方程、功能特点等对模块功能进行描述。对于基本门电路，主要有与、或、非、异或等逻辑运算，用到的运算符有：&、|、~、^。对于与门的描述如下：

```
f=a&b;
```

将分析的结果放在 module 和 endmodule 之间，构成完整的与门电路 Verilog HDL 描述。

```
module and2(a,b,f);       // 端口定义
  input a,b;              // I/O 说明
  output f;
  assign f = a & b;       //功能定义
endmodule
```

2.1.5　仿真测试

在 FPGA 设计中，仿真一般分为功能仿真（前仿真）和时序仿真（后仿真）。功能仿真又称逻辑仿真，是指在不考虑器件延时和布线延时的理想情况下对源代码进行逻辑功能的验

证；时序仿真是在布局布线后进行的，它与特定的器件有关，又包含器件和布线的延时信息，主要验证程序在目标器件中的时序关系。这里主要讲述功能仿真。以上述的二输入与门模块为例，构建测试架构，如图 2-2 所示。

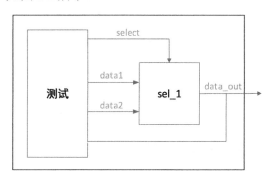

图 2-2　二输入与门模块测试架构图

测试代码的简单写法：先将测试中模块的输入定义为 reg 型，输出定义为 wire 型，然后对被测模块例化，再加上 initial 块。测试代码格式如下：

```
`timescale 1ns/1ps
module 测试模块名;
  reg 模块输入;
  wire 模块输出;
  被测模块名　例化名(
    .端口(端口),
    .端口(端口),
  );
  initial
    begin
      …… //编写激励信号
    end
  endmodule
```

在测试中如果用到时钟，可以这样编写代码：

```
`timescale 1ns/1ps
module 测试模块名;
  reg 模块输入;
  wire 模块输出;
  reg clk,rst_n;              // clk 表示时钟信号，rst_n 表示复位信号
  被测模块名　例化名(
```

```
            .端口(端口),
            .端口(端口),
            );
        initial
        begin
          clk = 1;                    //在零时刻给时钟和复位信号赋初值
          rst_n = 0;
        #20  rst_n = 1;
      end
  always #10 clk = ~clk;            //延迟 10ns 翻转一次，即一个周期为 20ns
  //always 一直重复执行，这样可以生成一个 50MHz 的时钟信号
  endmodule
```

对于门电路的测试，由于门电路属于组合逻辑电路，不涉及时钟信号，采用第一种代码格式即可。写门电路测试代码的关键是 initial 语句的编写。对于组合逻辑电路来说，可以借助它的真值表来编写 initial 语句的激励信号。例如，与门的真值表如表 2-4 所示。

表 2-4　与门的真值表

输入 a	输入 b	输出 f
0	0	0
0	1	0
1	0	0
1	1	1

这里以与门为例编写它的测试代码：

```
`timescale 1ns/1ps
module and2_tf;              //一般写成模块名加上_tf，既方便记忆，也方便区分
  reg a,b;                   //模块中的输入定义为 reg 型
  wire f;                    //输出定义为 wire 型
  and2 u1(
    .a(a),
    .b(b),
    .f(f)
  );
  initial
  begin
      a=0;b=0;               //给输入端口赋初值
```

```
    #20 a=0;b=1;        //延迟 20ns 后再赋值
    #20 a=1;b=0;
    #20 a=1;b=1;        //一直到真值表的所有输入全部赋值
    #300 $stop;         //延迟 300ns 后, 仿真停止
  end
endmodule
```

仿真结果如图 2-3 所示。

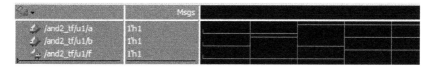

图 2-3　与门的仿真波形图

思考与练习

1. 设计一个与非门电路。

2. 设计一个与或非门电路。

任务 2.2　描述全加器

2.2.1　理论知识

1. 运算符

Verilog HDL 语言的运算符很多, 按照其操作数的个数分为三大类:

(1) 单目运算符——带一个操作数, 操作数在运算符的右边, 如! (逻辑非)、~ (一元非)、缩减运算符。例如, !clk 或者~CLK。

(2) 双目运算符——带两个操作数, 操作数分别在运算符的两边, 如算术运算符、关系运算符、等式运算符, 以及逻辑运算符、位运算符的大部分。例如, a|b。

(3) 三目运算符——带三个操作数, 用该运算符隔开, 如条件运算符。

1）算术运算符

常用的算术运算符主要是加法运算符"+"、减法运算符"-"、乘法运算符"*"、除法运算符"/"、求模（或求余）运算符"%"。

在进行整数除法运算时，结果值略去小数部分，只取整数部分。求模运算符"%"两侧均应为整型数据；求模运算结果值的符号与第一个操作数的符号相同。例如：

```
-11%3    //结果为-2
11%-3    //结果为2
```

进行算术运算时，若某操作数为不定值 x，则整个结果也为 x。

2）关系运算符

关系运算符有>（大于）、<（小于）、>=（不小于）、<=（不大于）。

运算结果为 1 位的逻辑值 1 或 0 或 x。进行关系运算时，若关系为真，则返回值为 1；若关系为假，则返回值为 0；若某操作数为不定值 x，则返回值为 x。例如：

```
23 > 45;      //结果为假（0）
52 < 8'hxFF;  //结果为x
```

所有的关系运算符的优先级别相同。关系运算符的优先级低于算术运算符。

3）等式运算符

等式运算符有==（等于）、!=（不等于）、===（全等）、!==（不全等）。

运算结果为 1 位的逻辑值 1 或 0 或 x。

等于运算符（==）和全等运算符（===）的区别如下：

（1）使用等于运算符时，两个操作数必须逐位相等，结果才为 1；若某些位为 x 或 z，则结果为 x。

（2）使用全等运算符时，若两个操作数的相应位完全一致（如同是 1，或同是 0，或同是 x，或同是 z），则结果为 1；否则为 0。

等于运算符与全等运算符的真值表分别如表 2-5、表 2-6 所示。

表2-5　等于运算符"= ="的真值表

==	0	1	x	z
0	1	0	x	x
1	0	1	x	x
x	x	x	x	x
z	x	x	x	x

表2-6　全等运算符"= = ="的真值表

===	0	1	x	z
0	1	0	0	0
1	0	1	0	0
x	0	0	1	x
z	0	0	x	1

例如：

```
if(A = = 1'bx) $display("AisX"); /*当 A 为不定值时，式(A = = 1'bx)的运算结果为 x，则该
                               语句不执行*/
if(A = = = 1'bx) $display("AisX"); /*当 A 为不定值时，式（A = = = 1'bx）的运算结果为 1，
                                 该语句执行*/
```

4）逻辑运算符

逻辑运算符有**&&**（逻辑与）、||（逻辑或）、!（逻辑非）。

逻辑运算符把它的操作数当作布尔变量；非零的操作数被认为是真（1）；零被认为是假（0）；不确定的操作数，如 4'bxx00，被认为是不确定的（可能为零，也可能非零，记为 x）；但 4'bxx11 被认为是真（记为 1，因为它肯定是非零的）。

逻辑运算符的操作数为逻辑值 0（假）或 1（真）。逻辑运算的结果为 0 或 1。逻辑运算符的真值表如表 2-7 所示。

表 2-7　逻辑运算符的真值表

a	b	!a	!b	a&&b	a||b
真	真	假	假	真	真
真	假	假	真	假	真
假	真	真	假	假	真
假	假	真	真	假	假

5）位运算符

位运算符有~（一元非），&（二元与），|（二元或），^（二元异或），~ ^、^ ~（二元异或非即同或）。

位运算的结果的位数与操作数的位数相同。位运算符中的双目运算符要求对两个操作数的相应位逐位进行运算。两个不同长度的操作数进行位运算时，将自动按右端对齐，位数少的操作数会在高位用 0 补齐。例如：

```
A = 5'b11001, B = 3'b101,
A & B = (5'b11001) & (5'b00101) = 5'b00001
```

6）缩减运算符

缩减运算符有&（与），~&（与非），|（或），~|（或非），^（异或），^~、~^（同或）。

缩减运算符的运算法则与位运算符类似，但运算过程不同：缩减运算符在单一操作数的所有位上操作，并产生 1 位结果。对单个操作数进行递推运算，即先将操作数的最低位与第二位进行与、或、非运算，再将运算结果与第三位进行相同的运算，依此类推，从右至左，直至最高位。运算结果缩减为 1 位二进制数。例如：

```
reg[3:0] a;
b=|a;        //等效于b =( (a[0] | a[1]) | a(2)) | a[3]
```

7）移位运算符

移位运算符有两个：>>右移、<<左移。其用法为 A>>n 或 A<<n，表示将操作数右移或左移 n 位，同时用 n 个 0 填补移出的空位。将操作数右移或左移 n 位，相当于将操作数除以或乘以 2^n。例如：

```
4'b1001>>3 = 4'b0001;     4'b1001>>4 = 4'b0000
4'b1001<<1 = 5'b10010;    4'b1001<<2 = 6'b100100
```

8）条件运算符？：

条件运算符根据条件表达式的值选择表达式，其一般形式如下：

```
条件?表达式1：表达式2
```

条件运算符就是根据所设置的"条件"选择使用表达式的值。当条件为真时，选取表达式 1 的值；当条件为假时，选取表达式 2 的值。数据选择电路的逻辑表达式中常用条件运算符。

9）位拼接运算符{ }

位拼接运算符用于将两个或多个信号的某些位拼接起来，表示一个信号。

可用重复法简化表达式，如：

```
{4{w}} //等同于{w,w,w,w}
```

还可用嵌套方式简化书写，如：

```
{b,{3{a,b}}}  /*等同于{b,{a,b},{a,b},{a,b}},也等同于{b,a,b,a,b,a,b}*/
```

例如，循环移位流水灯的实现代码中有：

```
led=8'b0000_0001;
led={led[6:0],led[7]};   //相当于 0000_0010
```

2. 表达式

表达式由操作符和操作数构成，其目的是根据操作符的意义得到一个计算结果。表达式可以在出现数值的任何地方使用。例如：

```
a^b ;           //a 与 b 进行异或操作
a>=b;           //关系表达式，判断 a 是否不小于 b
A||B;           //逻辑表达式，将 A 与 B 进行逻辑或运算
```

但是当出现多个运算符时，则需要掌握各个运算符的优先级。各个运算符的优先级如表 2-8 所示。为了提高程序的可读性，建议使用括号来控制运算的优先级。

例如：

```
(a>b)&&(b>c);   (a= =b)||(x= = y);      (!a)||(a>b)
```

表 2-8　运算符的优先级

类　　别	运　算　符	优　先　级
逻辑运算符、位运算符	! ~	高
算术运算符	* / %	
	+ −	
移位运算符	<< >>	
关系运算符	< <= > >=	
等式运算符	== != === !==	
缩减运算符、位运算符	& ~&	
	^ ^~	
	| ~|	
逻辑运算符	&&	
	||	
条件运算符	? :	低

2.2.2 设计原理

1. 半加器

半加器是指对两个输入数据按位相加,输出一个结果位和进位,没有进位输入的加法器。所谓半加,就是不考虑进位的加法,它的真值表如表 2-9 所示。

表 2-9 半加器的真值表

输 入		输 出	
加数 A	加数 B	和 S	进位数 CO
0	0	0	0
0	1	1	0
1	0	1	0
1	1	1	1

2. 全加器

全加器是用门电路实现两个二进制数相加并求出和的组合电路,又称为一位全加器。多个一位全加器进行级联可以得到多位全加器。它与半加器的区别在于需要考虑来自低位的进位,因此其输入端输入的数据除两个加数外,还应有一个进位数据。

3. 设计全加器

全加器实现三个输入信号的加法运算,结果为 2 位二进制数。根据二进制加法运算规则,用 A 和 B 代表加数,CI 代表来自低位的进位输入,S 代表相加的和,CO 代表向高位的进位数,可列出一位全加器的真值表,如表 2-10 所示。

表 2-10 全加器的真值表

输 入			输 出	
CI	A	B	S	CO
0	0	0	0	0
0	0	1	1	0
0	1	0	1	0
0	1	1	0	1
1	0	0	1	0
1	0	1	0	1
1	1	0	0	1
1	1	1	1	1

根据真值表写出输出 S 和 CO 的逻辑表达式：

$$S = \overline{A}\,\overline{B}CI + \overline{A}B\overline{CI} + A\overline{B}\,\overline{CI} + ABCI$$

$$CO = AB\overline{CI} + \overline{A}BCI + A\overline{B}CI + ABCI$$

对逻辑表达式进行化简，可得如下表达式：

$$S = A \oplus B \oplus CI$$

$$CO = AB + CI(A \oplus B)$$

2.2.3　模块符号

一位全加器的模块符号如图 2-4 所示。

图 2-4　一位全加器的模块符号

2.2.4　硬件描述代码

方法一：依据全加器的逻辑表达式，可用数据流描述方式设计源码。

```
module full_adder(a,b,ci,s,co);
   input a,b;
   input ci;                      //来自低位的进位输入
   output s;                      //加数之和的输出
   output co;                     //向高位的进位输出
   assign s=a^b^ci;               //功能描述：采用数据流描述方式(逻辑表达式)
   assign co=(a & b)|(ci & (a^b)); //向高位的进位端描述
endmodule
```

方法二：除了数据流描述方式，还可采用行为描述方式设计源码，将两个加数和低位的进位以加法的形式表示，而和与高位的进位用位拼接运算符({ })来表示。

```
module full_adder(a,b,ci,s,co);
   input a,b;
```

```
    input ci;
    output s;
    output co;
    assign {co,s}=a+b+ci;              //功能描述，带进位的加法运算
endmodule
```

更进一步，对于多位全加器，可以通过增加两个加数的位宽来设计，其源程序如下：

```
module adder4(a,b,ci,s,co);
    input [3:0]a,b;                    //增加位宽,计算 4 位二进制数之和的全加器
    input ci;
    output [3:0]s;
    output co;
    assign {s,co}=a+b+ci;
endmodule
```

2.2.5 仿真测试

（1）新建工程。启动 ModelSim 6.5，选择 File→New→Project 命令，创建工程，输入工程名为 adder。

（2）创建文件。在添加项目窗口单击 Create New File 图标创建文件，依次添加 full_adder.v、full_adder_tf.v 两个文件。双击 full_adder.v 文件，输入全加器的源代码，然后双击 "full_adder_tf.v" 文件，输入全加器的测试代码，其测试代码如下：

```
`timescale 1ns / 1ns
module full_adder_tf;
    reg a,b;
    reg ci;
    wire s;
    wire co;
    full_adder u1(a,b,ci,s,co);        //要求端口顺序和设计模块一致
    initial
     begin
         ci=0;a=0; b=0;                //按真值表列出所有的输入值
       #10 ci=0;a=0; b=1;
       #10 ci=0;a=1; b=0;
```

```
        #10 ci=0;a=1; b=1;
    #10 ci=1;a=0; b=0;
      #10 ci=1;a=0; b=1;
      #10 ci=1;a=1; b=0;
#10 ci=1;a=1; b=1;
      #20 $stop;
end
endmodule
```
/*四位全加器的测试代码*/
```
`timescale 1ns/1ns
module adder4_tf;
  reg[3:0] ina,inb;                      //加数
  reg cin;                               //来自低位的进位
  wire[3:0]sum;                          //两数之和
  wire cout;                             //向高位的进位
  integer i,j;                           //32 位整型计数变量
adder1 u1(.co(cout),.s(sum),.a(ina),.b(inb),.ci(cin));
```
/*使用 "."引用模块时，"a(ina)"括号外为源模块端口，括号内为测试端口*/
```
  always #5 cin=~cin;                    //来自低位的进位循环给出
  initial                                //给加数 ina 赋值
    begin
      ina=0;inb=0;cin=0;
      for(i=1;i<16;i=i+1)
        #10 ina=i;
    end
  initial    //给加数 inb 赋值
    begin
      for(j=1;j<16;j=j+1)
        #10 inb=j;
    end
  initial
    begin
    $monitor($time,,,"{%b,%d}=%d+%d+%b",cout,sum,ina,inb,cin); //监控加法结果
    #200 $stop;
    end
endmodule
```

（3）编译工程。先保存两个文件，然后选择 Compile→Compile All 命令，编译所有程序。如果代码没有语法错误，在 Transcript 窗口中将显示"2 compiles,0 failed with no errors."。

（4）进行仿真。单击仿真按钮，打开仿真选择对话框。在 Design 标签下选择 work 下的 full_adder_tf.v 测试文件，取消勾选 Optimazation 项下的 Enable Optimazation 复选框，单击 OK 按钮，启动仿真。

（5）生成波形。在 sim 窗口中，右击测试文件，选择 Add→To Wave→All items in design 命令，即可将测试文件的输入项添加到波形文件的 Messages（信息栏）项中，单击运行仿真按钮，即可查看波形图。全加器的波形图如图 2-5 和图 2-6 所示。

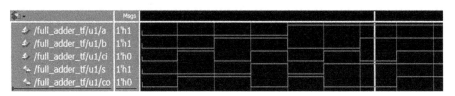

图 2-5　一位全加器的波形图

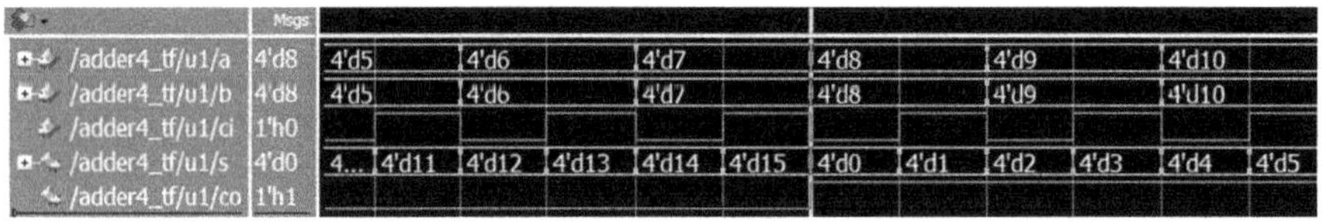

图 2-6　四位全加器的波形图

思考与练习

1. 设计半加器电路。

2. 设计八位全加器电路。

任务 2.3　描述 8 线-3 线编码器

2.3.1　理论知识

任何一种计算机语言都离不开常量和变量。Verilog HDL 语言中描述电路的基本常量有四种：0 和 1 为数值常量，x 和 z 为非数值常量。

0（逻辑 0 或"假"）、1（逻辑 1 或"真"）、x（不定值）、z（高阻抗）。

这四种值的解释都内置于 Verilog HDL 语言中。数值常量"0"和"1"在逻辑电路中被解释为低电位和高电位。如果一个电路的值为 z，则意味着该电路处于高阻抗状态，也就是电路处于断开状态。如果一个电路的值为 x，则意味着该电路处于不确定的状态。在门的输入或一个表达式中为"z"的值通常解释成"x"。此外，x 和 z 都是不区分大小写的，也就是说，值 0x1z 与值 0X1Z 相同。

1. 常量

电路的常量表示一条导线的状态，可以称为导线的值。除导线的基本电路常量外，Verilog HDL 程序中还使用整型数、实数和字符串型三类常量。这三类常量主要用于电路的辅助描述，在实际电路中没有这三类数值。

1）数字

（1）整数型常量（整常数）的 4 种进制表示形式：二进制整数（b 或 B）、十进制整数（d 或 D）、十六进制整数（h 或 H）、八进制整数（o 或 O）。

数字表达方式的三种格式：

① 基数格式：<位宽>'<进制> <数字>，是一种全面的描述方式，如 8'b1100_0101 或 8'hc5。

② <进制> <数字>，数字的位宽由机器系统决定，至少为 32 位，如 hc5。

③ <数字>，默认进制为十进制，位宽默认为 32 位，如 32（十进制数 32）、-15（十进制数-15）。

（2）x 和 z。

x 表示不定值，z 表示高阻抗。每个字符代表的二进制数的宽度取决于所用的进制；当用二进制表示时，已标明位宽的数若用 x 或 z 表示某些位，则只有在最左边的 x 或 z 具有扩展性。

例如：

```
8'bzx = 8'bzzzz_zzzx
8'b1x = 8'b0000_001x  //最高位为数字，则扩展 0
```

为了清晰可见，最好直接写出每一位的值。

（3）负数。

在位宽前加一个减号，即表示负数。例如：

```
-8'd5  //5 的补数= 8'b1111_1011
```

注意减号不能放在位宽与进制之间，也不能放在进制与数字之间。例如：

```
8'd-5//非法格式
```

2）下画线

为了提高可读性，在较长的数字之间可用下画线_隔开。下画线符号可以随意用在整数或实数中，它们本身没有意义。但下画线符号不可以用在<进制>和<数字>之间，也不能用作首字符。例如：

```
16'b1010_1011_1100_1111    //合法
8'b_0011_1010              //非法
```

3）参数（parameter）型

Verilog HDL 中用 parameter 来定义参数型常量，即用 parameter 来定义一个标识符来代表一个常量，也称为符号常量，即标识符形式的常量。采用标识符代表一个常量可以提高程序的可读性和可维护性。参数型常量的声明格式如下：

parameter 参数名 1 = 表达式，参数名 2 = 表达式，…，参数名 n = 表达式

上面的表达式是常数表达式，也就是说只能包含数字或先前已经定义的参数。

参数型常量经常用于定义延迟时间和变量宽度。

例如，用参数型常量来表示存储器的大小：

```
parameter wordsize = 16;
parameter memsize = 1024;
reg [wordsize-1:0] MEM [memsize-1:0]; // 1KB × 16 位的存储器
```

2. 变量

在程序运行过程中，其值可以改变的量，称为变量。Verilog HDL 中，变量的数据类型有 19 种，这里介绍常用的 3 种：线网型、寄存器型、memory 型（数组）。

1）线网型变量

线网型变量的定义：输出始终随输入的变化而变化的变量。

线网型主要有 wire 型和 tri 型两种。线网型用于对结构化器件之间的物理连线的建模，如器件的引脚、内部器件与门的输出等。由于线网型变量代表的是物理连接线，因此它不存

储逻辑值，必须由器件驱动。线网型变量常用来表示以 assign 语句赋值的组合逻辑信号。模块中的输入信号和输出信号的类型默认为 wire 型。例如：

```
assign A = B ^ C;
```

当一个 wire 型的信号没有被驱动时，默认值为 z（高阻）。信号没有定义数据类型时，默认为 wire 型。

tri 型主要用于定义三态的线网型变量。这个类型与 wire 型功能几乎一样，但是当总线上需要描述高阻态的特性时，用它来描述以跟 wire 型进行区分。

2）寄存器型变量

寄存器型变量的定义：对应具有状态保持作用的电路元器件（如触发器、寄存器等），常用来表示过程块语句（如 initial 语句、always 语句）内的指定信号。

reg 是最常用的寄存器类型。若 reg 型的信号在某种触发机制下被分配了一个值，则在分配下一个值之前保留原值。但必须注意的是，reg 型变量不一定是存储单元。在 always 语句中进行描述必须用 reg 型变量。

（1）reg 型变量定义的语法格式如下：

```
reg [msb: lsb]变量名 1,变量名 2,…,变量名 i; //共有 i 条总线，每条总线内有 n 条线路
```

msb 和 lsb 定义了范围，并且均为常量表达式。范围是可选的，如果没有定义范围，默认值为 1 位寄存器。例如：

```
reg [3:0] Sat;     //Sat 为 4 位寄存器
reg Cnt;           //Cnt 为 1 位寄存器
```

（2）reg 型的值可取负数，但若该变量用于表达式的运算中，则按无符号类型处理，例如：

```
reg  A ; …
A = -1; …
```

则 A 的二进制数为 1111，在运算中，A 按无符号数 15 来处理。

（3）reg 型的存储单元建模举例。

用 reg 型来构建两位的 D 触发器，代码如下：

```
reg [1: 0] Dout; …
always@(posedge Clk)
```

```
Dout<= Din; …
```

reg 型变量必须通过过程赋值语句赋值,不能通过 assign 语句赋值。在过程块内被赋值的每个信号必须定义成 reg 型。

reg 型变量与 nets 型变量的根本区别是:reg 型变量需要被明确地赋值,并且在被重新赋值前一直保持原值。

3)memory 型变量——数组

定义:由若干个相同宽度的 reg 型变量构成的数组。

(1)Verilog HDL 中通过由 reg 型变量构成的数组来对存储器建模。

(2)memory 型变量可描述 RAM、ROM 和 reg 文件。

(3)memory 型变量通过扩展 reg 型变量的地址范围来生成。

memory 型变量定义的语法格式如下:

```
reg[n-1:0] 存储器名[m-1:0];
```

或

```
reg[n-1:0]存储器名[m:1];      //每个存储单元位宽为 n,共有 m 个存储单元
```

例如:

```
reg[n-1:0] rega;              //一个 n 位寄存器
reg mema [n-1:0] ;            //由 n 个 1 位寄存器组成的存储器
```

用 memory 型变量建立存储器的模型,如对 2 个 8 位 RAM 建模如下:

```
reg[7: 0] Mem[0: 1];
```

2.3.2　设计原理

1. 编码器的基本概念及工作原理

编码:将某种代码或电位信号转换成二进制代码的过程。

编码器:能够实现编码功能的数字电路称为编码器。

一般而言,N 个不同的信号,至少需要 n 位二进制数编码。

N 和 n 之间满足下列关系:

$$2^n \geqslant N$$

2. 普通二进制编码器

将输入信号变成二进制代码的电路称为二进制编码器，即对应一个输入信号，输出相应的二进制代码。

普通二进制编码器的特点是：任何时刻只允许输入一个待编码信号，否则输出将发生混乱。

常见的普通二进制编码器有 8 线-3 线（有 8 个输入端、3 个输出端）编码器，16 线-4 线（有 16 个输入端、4 个输出端）编码器等。

3. 设计一个 8 线-3 线编码器

输入：8 个需进行编码的信号 $I_0 \sim I_7$。

输出：3 位二进制代码 Y_0，Y_1，Y_2。

列出 8 线-3 线编码器的真值表，如表 2-11 所示。

表 2-11 8 线-3 线编码器的真值表

输　　入								输　　出		
I_7	I_6	I_5	I_4	I_3	I_2	I_1	I_0	Y_2	Y_1	Y_0
0	0	0	0	0	0	0	1	0	0	0
0	0	0	0	0	0	1	0	0	0	1
0	0	0	0	0	1	0	0	0	1	0
0	0	0	0	1	0	0	0	0	1	1
0	0	0	1	0	0	0	0	1	0	0
0	0	1	0	0	0	0	0	1	0	1
0	1	0	0	0	0	0	0	1	1	0
1	0	0	0	0	0	0	0	1	1	1

2.3.3 模块符号

8 线-3 线编码器的模块符号如图 2-7 所示。

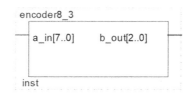

图 2-7 8 线-3 线编码器的模块符号

2.3.4 硬件描述代码

```
module encoder8_3(a_in, b_out );    //端口名中的 in 和 out 用来区分输入、输出
    input   [7:0] a_in;
    output [2:0] b_out;
    reg [2:0] b_out;
    always @ (*)                          //当敏感表达式的所有输入信号都有效时,可以用*替代
        case(a_in)
        8'b0000_0001 : b_out = 3'b000;        //添加下画线可提高代码的可读性
        8'b0000_0010 : b_out = 3'b001;
        8'b0000_0100 : b_out = 3'b010;
        8'b0000_1000 : b_out = 3'b011;
        8'b0001_0000 : b_out = 3'b100;
        8'b0010_0000 : b_out = 3'b101;
        8'b0100_0000 : b_out = 3'b110;
        8'b1000_1000 : b_out = 3'b111;
        default : b_out = 3'bzzz;
        endcase
endmodule
```

2.3.5 仿真测试

（1）新建工程。启动 ModelSim 6.5，选择 File→New→Project 命令，创建工程，输入工程名为 encoder。

（2）创建文件。在添加项目窗口中单击 Create New File 图标创建文件，依次添加 encoder8_3.v、encoder8_3_tf.v 两个文件。双击 encoder8_3.v 文件，输入 8 线-3 线编码器的源码，然后双击 encoder8_3_tf.v 文件，输入 8 线-3 线编码器的测试代码，其测试代码如下：

```
`timescale 1ns / 1ns
module encoder8_3_tf;                  //在设计模块名的后面加"_tf"作为测试模块名
    reg   [7:0] a_in;
    wire [2:0] b_out;
    encoder8_3 u1(a_in, b_out );    //要求端口顺序和设计模块一致
/*encoder8_3 u1(.a_in(a_in), .b_out (b_out));//使用"."引用模块时，端口顺序可以不一致*/
```

```
    initial
      begin
          a_in=8'b0000_0001;
          #10  a_in=8'b0000_0010;
          #10  a_in=8'b0000_0100;
          #10  a_in=8'b0000_1000;
          #10  a_in=8'b0001_0000;
          #10  a_in=8'b0010_0000;
          #10  a_in=8'b0100_0000;
          #10  a_in=8'b1000_0000;
          #20 $stop;
      /*简化写法
          a_in=8'b0000_0001;
          repeat(20)
          #10  a_in={a_in[6:0],a_in[7]}; //用位拼接运算符实现循环移位*/
      end
  endmodule
```

（3）编译工程。先保存两个文件，然后选择 Compile→Compile All 命令，编译所有程序。如果代码没有语法错误，在 Transcript 窗口中将显示"2 compiles,0 failed with no errors."。

（4）进行仿真。单击仿真按钮，打开仿真选择对话框。在 Design 标签下选择 work 下的 encoder8_3_tf.v 测试文件，取消勾选 Optimazation 项下的 Enable Optimazation 复选框，单击 OK 按钮，启动仿真。

（5）生成波形。在 sim 窗口中，右击测试文件，选择 Add→To Wave→All items in design 命令，即可将测试文件的输入项添加到波形文件的 Messages（信息栏）项中，单击运行仿真按钮，即可查看波形。8 线-3 线编码器的波形图如图 2-8 所示。

图 2-8　8 线-3 线编码器的波形图

思考与练习

设计一个 16 线-4 线编码器。

任务 2.4　描述优先编码器

2.4.1　理论知识

1. if-else 语句

if-else 语句的功能是判定所给条件是否满足，根据判定的结果（真或假）决定执行给出的两种操作之一。if-else 语句有 3 种形式：

方式 1：if（表达式）语句 1；

方式 2：if（表达式 1）语句 1；

　　　　else　　　语句 2；

方式 3：if（表达式 1）语句 1；

　　　　else if（表达式 2）语句 2；

　　　　　　…

　　　　else if（表达式 n）语句 n；

说明：

（1）其中"表达式"为逻辑表达式或关系表达式，或一位的变量。

（2）若表达式的值为 0 或 z，则判定的结果为"假"；若为 1，则判定的结果为"真"。

（3）"语句"可为单个语句，也可为多个语句；为多个语句时一定要用"begin…end"语句括起来，形成一个复合块语句。

（4）允许一定形式的表达式以简写方式出现，如：

if(expression) 等同于 if(expression == 1)

if(! expression) 等同于 if(expression ! = 1)

（5）if 语句可以嵌套。若 if 与 else 的数目不一样，注意用"begin…end"语句来确定 if 与 else 的配对关系。

if 语句嵌套的一般格式：

if（表达式 1）

　　if（表达式 2）语句 1；

else   语句 2；

else

if（表达式 3）语句 3；

else   语句 4；

（6）当 if 与 else 的数目不一样时，最好用"begin…end"语句将单独的 if 语句括起来：

if（表达式 1）

begin

if（表达式 2）语句 1；

end

else

语句 2；

例：模为 60 的 BCD 码加法计数器的描述代码如下：

```verilog
module count60(qout,cout,data,load,reset,clk);
  output[7:0] qout;
  output cout;                        //输出进位
  input[7:0]  data;
  input load,cin,clk,reset;
  reg[7:0] qout;
  always @ (posedge clk)
   begin
      if (reset)  qout=0;             //复位清零
      else if (load) qout=data;       //装载端有效，输出预置数 data
      else if (cin)                   //低位进位为真（1）
        begin
          if(qout[3:0]==9)            //低四位，即个位数为 9
            begin
              qout[3:0]<=0;           //个位清零
              if(qout[7:4]==5)  qout[7:4]<=0;  //高四位，即十位数为 5，则十位清零
              else  qout[7:4]<=qout[7:4]+1;    //十位数未到 5，则十位数加 1
            end
          else  qout[3:0]<=qout[3:0]+1;        //个位数未到 9，则个位数加 1
        end
   end
```

```
    end
assign cout=((qout==8'h59)&cin)?1:0;                     //计数到59且低位进位1, 输出进位
endmodule
```

在该例中可将 if…else 写成 3 个并列的 if 语句：

```
        if (reset)
        if (load)
        if (in)
```

表示同时对 3 个信号 reset、load 和 cin 进行判断，现实中很可能出现三者同时为"1"的情况，即 3 个条件同时满足，则应该同时执行它们对应的语句，但 3 条语句是对同一个信号 qout 赋不同的值，显然相互矛盾，故编译时会报错。

2.4.2 设计原理

1. 二进制优先编码器

优先编码器允许为 n 个输入端同时加上信号，但电路只对其中优先级别最高的信号进行编码。二进制优先编码器是一种能将多个二进制数输入压缩成更少数目二进制数输出的电路或算法，常用于在处理最高优先级请求时控制中断请求。

2. 4 线-2 线优先编码器的设计原理

如果同时有两个或两个以上的输入作用于优先编码器，优先级最高的输入将会被优先输出。对于这种有优先级的编码器，可以采用 casez 语句来描述。表 2-12 是 4 线-2 线优先编码器的真值表，优先级分别为：$I_3 > I_2 > I_1 > I_0$。表 2-12 中的"x"代表无关项，既可是 1，也可是 0。不论无关项的值是什么，都不影响输出，只有最高优先级的输入有变化时，输出才会改变。

表 2-12 4 线-2 线优先编码器的真值表

输入				输出	
I_3	I_2	I_1	I_0	O_1	O_0
0	0	0	1	0	0
0	0	1	x	0	1
0	1	x	x	1	0
1	x	x	x	1	1

2.4.3　模块符号

4 线-2 线优先编码器的模块符号如图 2-9 所示。

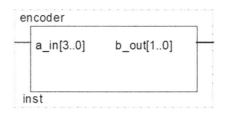

图 2-9　4 线-2 线优先编码器的模块符号

2.4.4　硬件描述代码

```
module encoder(a_in,b_out );
  input [3:0] a_in;
  output [1:0] b_out;
  reg [1:0] b_out;
  always @ (*)
    casez(a_in)
    4'b0001 : b_out = 2'b00;
    4'b001? : b_out = 2'b01;
    4'b01?? : b_out = 2'b10;
    4'b1??? : b_out = 2'b11;
    default : b_out = 2'b00;
    endcase
endmodule
```

以上代码采用 casez 语句来描述优先编码器。注意：对于无关项输入的描述，使用"?"描述优于使用"x"；在可综合的代码中，不要使用 casex 语句。

除了使用 casez 语句来描述优先编码器，还可以使用 if-else if 语句来描述。

```
module encoder(a_in, b_out);
  input [3:0] a_in;
  output [1:0] b_out;
  reg [1:0] b_out;
    always @ (*)
    if (a_in [3]) b_out = 2'b11;
```

```
        else if (a_in [2])  b_out = 2'b10;
            else if (a_in [1]) b_out = 2'b01;
                else if (a_in [0])  b_out = 2'b00;
                    else  b_out = 2'b00;
endmodule
```

对于带优先级的电路，使用 if-else if 语句描述时，对于优先级高的，放在前面描述。

2.4.5　仿真测试

（1）新建工程。启动 ModelSim 6.5，选择 File→New→Project 命令，创建工程，输入工程名为 encoder。

（2）创建文件。在添加项目窗口中单击 Create New File 图标，创建文件，依次添加 encoder.v、encoder_tf.v 两个文件。双击 encoder.v 文件，输入 4 线-2 线优先编码器的源码，然后双击 encoder_tf.v 文件，输入 4 线-2 线优先编码器的测试代码，其测试代码如下：

```
`timescale 1ns / 1ns
module encoder_tf;                    //在设计模块名的后面加"_tf"作为测试模块名
    reg [3:0] a_in;
    wire [1:0] b_out;
    encoder  u1(a_in, b_out );        //要求端口顺序和设计模块一致
    /*encoder  u1(.a_in(a_in), .b_out (b_out)); //使用"."引用模块，端口顺序可以不一致*/
    initial
      begin
          a_in=4'd1;
        #10  a_in=4'd3;
        #10  a_in=4'd5;
        #10  a_in=4'd7;
        #10  a_in=4'd9;
        #10  a_in=4'd12;
        #20 $stop;
      end
endmodule
```

（3）编译工程。先保存两个文件，然后选择 Compile→Compile All 命令，编译所有程序。如果代码没有语法错误，在 Transcript 窗口中将显示 "2 compiles,0 failed with no errors."。

（4）进行仿真。单击仿真按钮，打开仿真选择对话框。在 Design 标签下选择 work 下的

encoder_tf.v 测试文件，取消勾选 Optimazation 项下的 Enable Optimazation 复选框，单击 OK 按钮，启动仿真。

（5）生成波形。在 sim 窗口中，右击测试文件，选择 Add→To Wave→All items in design 命令，即可将测试文件的输入项添加到波形文件的 Messages（信息栏）项中，单击运行仿真 按钮，即可查看波形图。4 线-2 线优先编码器的波形图如图 2-10 所示。

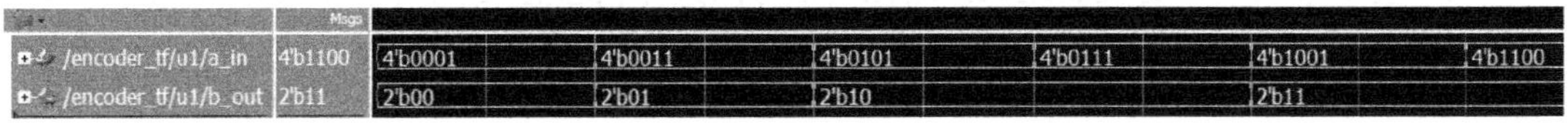

Msgs						
/encoder_tf/u1/a_in　4'b1100	4'b0001	4'b0011	4'b0101	4'b0111	4'b1001	4'b1100
/encoder_tf/u1/b_out　2'b11	2'b00	2'b01	2'b10		2'b11	

图 2-10　4 线-2 线优先编码器的波形图

思考与练习

设计一个 8 线-3 线优先编码器。

任务 2.5　描述 3 线-8 线译码器

2.5.1　理论知识

1．case 语句

case 语句是一种多路条件分支语句，可以解决 if 语句中有多个条件时使用不方便的问题。利用 case 语句可实现当某个（控制）信号取不同的值时，给另一个（输出）信号赋不同的值。case 语句常用于描述多条件译码电路。

case 语句有 3 种形式：case、casez、casex。

1）case 语句

case（敏感表达式）

　　值 1：语句 1；

　　值 2：语句 2；

　　　…

　　值 n：语句 n；

　　default: 语句 n+1;

endcase

说明:

(1)"敏感表达式"又称为控制表达式,通常表示为控制信号的某些位。

(2)值 1~值 n 称为分支表达式,用控制信号的具体状态值表示,因此又称为常量表达式。

(3) default 项可有可无,一个 case 语句里只能有一个 default 项。

(4)值 1~值 n 必须互不相同,否则运行时会出错。

(5)值 1~值 n 的位宽必须相等,且与控制表达式的位宽相同。

2) casex 与 casez 语句

在 case 语句中,分支表达式每一位的值都是确定的(或者为 0,或者为 1);

在 casex 语句中,若分支表达式某些位的值为 z 或不定值 x,则不考虑对这些位的比较。

在 casez 语句中,若分支表达式某些位的值为高阻值 z,则不考虑对这些位的比较;在分支表达式中,可用"?"来标识 x 或 z。

　　例如,用 casez 描述的数据选择器代码如下:

```
module mux_z(out,a,b,c,d,select);
    output out;
    input a,b,c,d;
    input[3:0] select;
    reg out;        //必须声明
    always@ (select[3:0] or a or b or c or d)
     begin
       casez (select)
         4'b???1: out = a;
         4'b??1?: out = b;
         4'b?1??: out = c;
         4'b1???: out = d;
       endcase
     end
endmodule
```

2. 使用条件语句时的注意事项

应注意列出所有条件分支,否则当条件不满足时,编译器会生成一个锁存器保持原值。

对于 if…else 语句，若设计一个数据选择器，描述代码如下：

```
always@ (al or d)
   begin
      if(al)  q<=d;
   end
```

则当 al 为 0 时，q 保持原值，生成了不想要的锁存器，如图 2-11 所示。

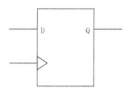

图 2-11　生成的锁存器

正确的描述代码应该是：

```
always@ (al or d)
   begin
      if(al)  q<=d;
      else    q<=0;
   end
```

当 al 为 0 时，q 等于 0。实际要设计的数据选择器如图 2-12 所示。

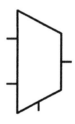

图 2-12　要设计的数据选择器

对于 case 语句，若设计一个数据选择器，描述代码如下：

```
always@ (sel[1:0] or a or b)
   case(sel[1:0])
      2'b00: q<=a;
      2'b11: q<=b;
   endcase
```

则当 sel 为 00 或 11 以外的值时，q 保持原值，生成了不想要的锁存器。正确的描述应该是：

```
always@ (sel[1:0] or a or b)
  case(sel[1:0])
      2'b00: q<=a;
      2'b11: q<=b;
      default: q<='b0;
  endcase
```

这样描述就不会生成锁存器。

从以上的示例中可以看出，在组合电路设计中，为避免生成隐含锁存器，可在 if 语句最后写上 else 语句；在 case 语句最后写上 default 语句。

2.5.2　设计原理

1. 译码器的基本概念及工作原理

译码：编码的逆过程，把输入的二进制代码翻译成所对应的控制信号和信息。

译码器：实现译码功能的数字电路。译码器是有多个输入和多个输出的组合电路，当其输入有 n 位二进制代码时，其输出会有 m 个表示代码原意的信号。

对应一组输入二进制代码，有且仅有一个输出为有效电平，其他输出均为相反电平。有效电平可以为 "1"，也可以为 "0"。

n 和 m 的关系为 $m \leqslant 2^n$，这样才能保证对一组输入代码，有且仅有一个输出与之对应。

2. 二进制译码器

输入端为 n 个，则输出端为 2^n 个，且对应于输入代码的每一种状态，2^n 个输出中只有一个为 1（或为 0），其余全为 0（或为 1）。常见的译码器有 2 线-4 线译码器、3 线-8 线译码器、4 线-16 线译码器、显示译码器等。

3. 设计一个 3 线-8 线译码器

输入：3 位二进制编码 $A_0 \sim A_2$。

输出：译码状态下，其二进制编码 0~7 依次对应 8 个输出信号 Y_0，Y_1，Y_2，Y_3，Y_4，Y_5，Y_6，Y_7。

列出 3 线-8 线译码器的真值表，如表 2-13 所示。

表 2-13　3 线-8 线译码器的真值表

输　　入			输　　出							
A_2	A_1	A_0	Y_7	Y_6	Y_5	Y_4	Y_3	Y_2	Y_1	Y_0
0	0	0	0	0	0	0	0	0	0	1
0	0	1	0	0	0	0	0	0	1	0
0	1	0	0	0	0	0	0	1	0	0
0	1	1	0	0	0	0	1	0	0	0
1	0	0	0	0	0	1	0	0	0	0
1	0	1	0	0	1	0	0	0	0	0
1	1	0	0	1	0	0	0	0	0	0
1	1	1	1	0	0	0	0	0	0	0

2.5.3　模块符号

3 线-8 线译码器的模块符号如图 2-13 所示。

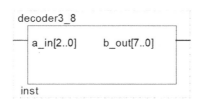

图 2-13　3 线-8 线译码器的模块符号

2.5.4　硬件描述代码

```
module decoder3_8(a_in, b_out );          //端口名中的 in 和 out 用来区分输入、输出
    input  [2:0] a_in;
    output [7:0] b_out;
    reg [7:0] b_out;
    always @ (*)                          //当敏感表达式的所有输入信号都有效时，可以用*替代
        case(a_in)
            3'd0 : b_out =8'b0000_0001; //使用下画线可提高代码的可读性
            3'd1 : b_out =8'b0000_0010;
            3'd2: b_out =8'b0000_0100;
            3'd3: b_out =8'b0000_1000;
            3'd4: b_out =8'b0001_0000;
```

```
        3'd5: b_out =8'b0010_0000;
        3'd6: b_out =8'b0100_0000;
        3'd7: b_out =8'b1000_0000;
    endcase
endmodule
```

2.5.5   仿真测试

（1）新建工程。启动 ModelSim 6.5，选择 File→New→Project 命令，创建工程，输入工程名为 decoder。

（2）创建文件。在添加项目窗口中单击 Create New File 图标，创建文件，依次添加 decoder3_8.v、decoder3_8_tf.v 两个文件。双击 decoder3_8.v 文件，输入 3 线-8 线译码器的源码，然后双击 decoder3_8_tf.v 文件，输入 3 线-8 线译码器的测试代码，其测试代码如下：

```
`timescale 1ns / 1ns
module decoder3_8_tf;                //在设计模块名的后面加"_tf"作为测试模块名
    reg  [2:0] a_in;
    wire [7:0] b_out;
    decoder3_8  u1(a_in, b_out );    //要求端口顺序和设计模块一致
    initial
      begin
            a_in=3'd0;               //给输入赋初值
     #10  a_in=3'd1;
     #10  a_in=3'd2;
     #10  a_in=3'd3;
     #10  a_in=3'd4;
     #10  a_in=3'd5;
     #10  a_in=3'd6;
     #10  a_in=3'd7;
     #20 $stop;
/*简化写法
            a_in=3'd0;               //给输入赋初值
     while(1)
         #10  a_in=a_in+1;           //用 while 语句实现循环加法运算*/
```

```
        end
    endmodule
```

（3）编译工程。先保存两个文件，然后选择 Compile→Compile All 命令，编译所有程序。如果代码没有语法错误，在 Transcript 窗口中将显示"2 compiles,0 failed with no errors."。

（4）进行仿真。单击仿真按钮，打开仿真选择对话框。在 Design 标签下选择 work 下的 decoder3_8_tf.v 测试文件，取消勾选 Optimazation 项下的 Enable Optimazation 复选框，单击 OK 按钮，启动仿真。

（5）生成波形。在 sim 窗口中，右击测试文件，选择 Add→To Wave→All items in design 命令，即可将测试文件的输入项添加到波形文件的 Messages（信息栏）项中，单击运行仿真按钮，即可查看波形图。3 线-8 线译码器的波形图如图 2-14 所示。

图 2-14　3 线-8 线译码器的波形图

思考与练习

设计一个 4 线-16 线译码器。

任务 2.6　**描述四选一选择器**

2.6.1　理论知识

1. 赋值语句

在 Verilog HDL 中，有两种赋值方式：阻塞赋值和非阻塞赋值。

1）非阻塞赋值方式（如 b <= a;）

（1）在语句块中，上面语句所赋值的变量不能立即为下面的语句所使用。

（2）块结束后才能完成这次赋值操作，赋值的变量值还是上次赋值得到的。

（3）在编写可综合的时序逻辑模块时，这是常用的赋值方法。

2）阻塞赋值方式（如 b=a;）

（1）赋值语句完成后，块才结束；

（2）b 的值在赋值语句执行完后立刻改变。

（3）在时序逻辑中使用时，可能会产生意想不到的结果。

3）非阻塞赋值与阻塞赋值的区别

阻塞赋值语句和非阻塞赋值语句作为 Verilog HDL 语言的难点之一，一直困扰着 FPGA 设计人员。阻塞和非阻塞可以说是血脉相连的，但是又有着本质的差别，理解不清或运用不当，都往往会导致设计工程达不到预期的效果。下面以 always 语句块内的 reg 型信号为例分析两者的区别。

例 1：非阻塞赋值方式代码如下：

```
always @(posedge clk)
    begin
        b <= a;
        c <= b;
    end
```

上面的 always 语句块中使用了非阻塞赋值方式，在 clk 信号的上升沿到来时，b 等于 a，同时 c 等于 b，这里用到两个触发器，该 always 语句块实际描述的电路功能如图 2-15 所示。

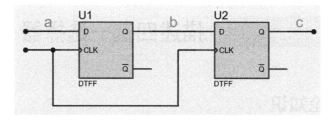

图 2-15　非阻塞赋值方式描述电路

例 2：阻塞赋值方式代码如下：

```
always @(posedge clk)
    begin
        b = a;
        c = b;
    end
```

上面的 always 语句块中使用了阻塞赋值方式，在 clk 信号的上升沿到来时，b 取 a 的值，然后 c 取 b 的值。在 a 没有赋值给 b 前，b 不能赋值给 c，所以称之为阻塞赋值。该 always 语句的电路功能如图 2-16 所示，只用到一个触发器来寄存 a 值，又赋值给 b 和 c。这估计不是设计者的目的，用非阻塞赋值方式编写才符合设计思路。

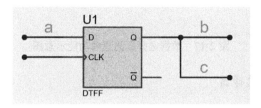

图 2-16 阻塞赋值方式描述电路

从以上的分析中可知道非阻塞赋值方式与阻塞赋值方式的主要区别：

（1）非阻塞赋值方式（b<= a）。

① b 的值被赋成新值 a 的操作，并不是立刻完成的，而是在块结束时才完成。

② 块内的多条赋值语句在块结束时同时赋值。

③ 硬件有对应的电路。

（2）阻塞赋值方式（b = a）。

① b 的值立刻被赋成新值 a。

② 完成该赋值语句后才能执行下一语句的操作。

③ 硬件没有对应的电路，因而综合结果未知。

注意： 在初学时只使用一种方式，不要混用。在可综合的模块中使用非阻塞方式赋值。

2.6.2 设计原理

1. 数据选择器的定义

数据选择器是从多个输入数据中选择一个送到输出端的组合数字电路。具有与或（$Y = \sum m_i$）的逻辑结构。图 2-17 所示是描述数据选择器逻辑功能的示意图。图 2-17 中的 D_3、D_2、D_1、D_0 是输入数据；B_1、B_0 是选择变量，以确定哪一个输入数据被送到输出端。

2. 数据选择器的构成

$$Y = B_1 B_0 D_3 + B_1 \overline{B}_0 D_2 + \overline{B}_1 B_0 D_1 + \overline{B}_1 \overline{B}_0 D_0 = \sum_{i=0}^{3} m_i (B_1, B_0) \cdot D_i$$

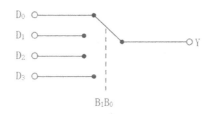

图 2-17　数据选择器的逻辑功能示意图

3. 设计一个四选一选择器

1）逻辑电路

四选一选择器的逻辑电路如图 2-18 所示。

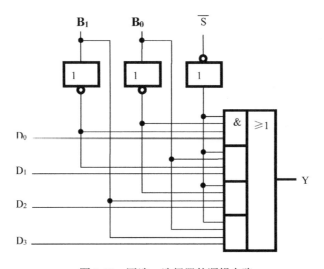

图 2-18　四选一选择器的逻辑电路

S 为使能信号输入端，低电平有效。B_1、B_0 是两位地址码输入端。D_0、D_1、D_2、D_3 为四路数据输入端。Y 是数据输出端。

2）数据选择器的功能表

四选一选择器的逻辑功能如表 2-14 所示。

表 2-14　四选一选择器的功能表

B_1	B_2	Y
0	0	D_0
0	1	D_1
1	0	D_2
1	1	D_3

2.6.3　模块符号

四选一选择器的模块符号如图 2-19 所示。

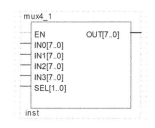

图 2-19　四选一选择器的模块符号

2.6.4　硬件描述代码

```
module mux4_1(EN ,IN0 ,IN1 ,IN2 ,IN3 ,SEL ,OUT );
    input  EN;                          //输入使能端(S)
    input  [7:0] IN0,IN1,IN2,IN3;       //4 路 8 位输入信号（D0 ~ D3）
    input  [1:0] SEL;                   //两位选择端（B0、B1）
    output [7:0] OUT;                   //输出端 Y
    reg  [7:0] OUT;
    always @(SEL or EN or IN0 or IN1 or IN2 or IN3)
      begin
        if (EN == 0) OUT = 8'h00;       //使能端为零，没有信号输出
        else
          case (SEL)
              2'd0 : OUT  = IN0 ;
              2'd1 : OUT  = IN1 ;
              2'd2 : OUT  = IN2 ;
              2'd3 : OUT  = IN3 ;
          endcase
      end
endmodule
```

2.6.5　仿真测试

（1）新建工程。启动 ModelSim 6.5，选择 File→New→Project 命令，创建工程，输入
工程名为 mux。

基于 Verilog HDL 的 FPGA 项目开发教程

（2）创建文件。在添加项目窗口中单击 Create New File 图标，创建文件，依次添加 mux4_1.v、mux4_1_tf.v 两个文件。双击 mux4_1.v 文件，输入四选一选择器的源码，然后双击 mux4_1_tf.v 文件，输入四选一选择器的测试代码，其测试代码如下：

```verilog
`timescale 1ns / 1ns
module mux4_1_tf;
    reg  EN ;
    reg  [7:0] IN0 ,IN1 ,IN2 ,IN3 ;
    reg  [1:0] SEL ;
    wire [7:0] OUT;
        mux4_1  u1(EN,IN0,IN1,IN2,IN3,SEL,OUT);
        initial              //使能端激励信号
begin
        EN=0;
   #30  EN=1;
end
    initial              //四路输入信号
     begin
       IN0=8'd10;
       IN1=8'd12;
       IN2=8'd16;
       IN3=8'd18;
     end
        initial              //选择信号输入
     begin
         SEL=0;
     while(1)  #20  SEL= SEL+1;
     end
endmodule
```

（3）编译工程。先保存两个文件，然后选择 Compile→Compile All 命令，编译所有程序。如果代码没有语法错误，在 Transcript 窗口中将显示 "2 compiles,0 failed with no errors."。

（4）进行仿真。单击仿真按钮，打开仿真选择对话框。在 Design 标签下选择 work 下的 mux4_1_tf.v 测试文件，取消勾选 Optimazation 项下的 Enable Optimazation 复选框，单击 OK 按钮，启动仿真。

（5）生成波形。在 sim 窗口中，右击测试文件，选择 Add→To Wave→All items in design 命令，即可将测试文件的输入项添加到波形文件的 Messages（信息栏）项中，单击运行仿真按钮，即可查看波形图。四选一选择器的波形图如图 2-20 所示。

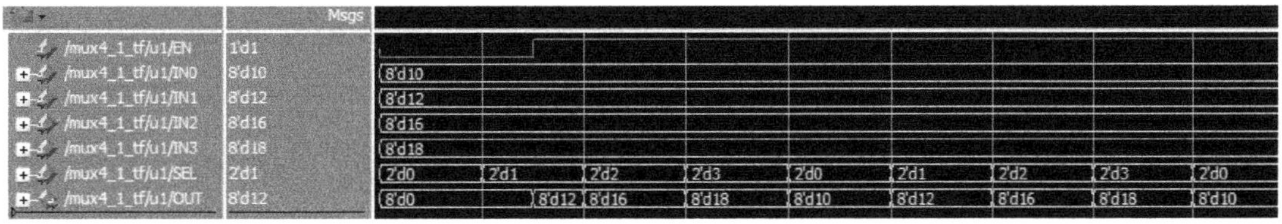

图 2-20　四选一选择器的波形图

思考与练习

设计一个八选一选择器。

任务 2.7　描述数值比较器

2.7.1　理论知识

1. 循环语句

Verilog HDL 中提供了四种循环语句，可用于控制语句的执行次数，分别为：

（1）forever 语句：无条件连续地执行语句，可用 disable 语句中断。

（2）repeat 语句：连续执行一条语句 n 次。

（3）while 语句：有条件地执行一条或多条语句。

（4）for 语句：通过以下三个步骤来决定语句是否循环执行。

① 先给控制循环次数的变量赋初值。

② 判定控制循环的表达式的值，若为假则跳出循环语句，若为真则执行指定的语句，然后转到第三步。

③ 执行一条赋值语句来修正控制循环次数的变量的值，然后返回第二步。

其中，for 语句、while 语句是可综合的，但循环的次数需要在编译之前就确定，动态改变循环次数的语句则是不可综合的；repeat 语句在有些工具中可综合，在有些工具中不可综合；forever 语句是不可综合的，常用于产生各类仿真激励。

1）forever 语句

forever 语句的功能：无条件连续执行 forever 后面的语句或语句块。forever 语句的格式如下：

```
forever 语句;
```

或

```
forever
   begin
      多条语句;
end
```

forever 语句常用于产生周期性的波形，用来作为仿真测试信号。它与 always 语句的不同之处在于不能独立地写在程序中，而必须写在 initial 块中。

例：使用 forever 语句产生一个时钟信号。

```
`timescale 1ns/1ps
module name;
   ...
   //产生时钟信号
initial
   begin
        clk = 1'b0;
   forever #10 clk = ~clk; //时钟周期为20ns
   end
...
   endmodule
```

2）repeat 语句

repeat 语句执行指定的循环次数，如果循环计数表达式的值不确定，即为 x 或 z 时，那么循环次数按 0 处理。repeat 语句的格式如下：

```
repeat （循环次数表达式）语句;
```

或

```
repeat（循环次数表达式）
   begin
```

```
        语句块；
    end
```

其中，"循环次数表达式"用于确定循环次数，可以是一个整数、变量或数值表达式。如果是变量或数值表达式，其值只在第一次循环时被计算，从而得以事先确定循环次数；"语句块"为重复执行的循环体。在可综合的设计中，"循环次数表达式"必须在程序编译过程中保持不变。

3）while 语句

while 语句实现的是一种"条件循环"，只有在指定的循环条件为真时才会重复执行循环体，如果表达式在开始时不为真（包括假、x 及 z），过程语句将永远不会被执行。while 语句的格式如下：

```
while  （循环执行条件表达式）语句；
```

　或

```
while  （循环执行条件表达式）
  begin
    ……
  end
```

在上述格式中，"循环执行条件表达式"代表了循环体得以继续重复执行时必须满足的条件，在每一次执行循环体之前，都需要对这个表达式是否成立进行判断。

while 语句在执行时，首先判断循环执行条件表达式是否为真，如果为真，则执行后面的语句块，然后重复判断循环执行条件表达式是否为真，如此下去，直到循环执行条件表达式不为真。

4）for 语句

和 while 语句一样，for 语句实现的是一种"条件循环"。for 语句的格式如下：

（1）一般格式。

```
for（表达式 1；表达式 2；表达式 3）
        语句块；
```

（2）简单应用形式。

```
for（循环变量赋初值；循环执行条件；循环变量增值）
        循环体的语句块；
```

在应用时，repeat 语句、while 语句和 for 语句三者之间是可以相互转换的，如对一个简单的五次循环，分别用 for 语句、repeat 语句、while 语句书写。

```
for(i = 0; i < 5; i = i + 1)
    begin
        循环体;
    end
```

或

```
repeat(5)
    begin
        循环体;
    end
```

或

```
i = 0 ;
while(i < 5)
    begin
        循环体;
        i = i + 1 ;
    end
```

2.7.2 设计原理

1. 数值比较器简介

在数字系统中，特别是在计算机中都需要具有运算功能，一种简单的运算就是比较两个二进制数 A 和 B 的大小。用以对两个二进制数 A、B 的大小或是否相等进行比较的逻辑电路称为数值比较器。比较结果有 A>B、A<B 及 A＝B 三种情况。

2. 数值比较器分类

1 位数值比较器：比较输入的两个 1 位二进制数 A、B 的大小。

多位数值比较器：比较输入的两个多位二进制数 A、B 的大小，比较时需从高位到低位逐位进行比较。

3. 设计 1 位数值比较器

1 位数值比较器是多位数值比较器的基础。当 A 和 B 都是 1 位二进制数时，它们只能取 0 或 1 两种值，由此可写出 1 位数值比较器的真值表，如表 2-15 所示。

表 2-15　1 位数值比较器的真值表

输　　入		输　　出		
A	**B**	$Y_{(A>B)}$	$Y_{(A=B)}$	$Y_{(A<B)}$
0	0	0	1	0
0	1	0	0	1
1	0	1	0	0
1	1	0	1	0

对于多位的情况，用 1 位数值比较器设计多位数值比较器的原则：当二进制数的高位（A_1、B_1）不相等时，无须比较二进制数的低位（A_0、B_0），二进制数的高位比较的结果就是两个数比较的结果。当二进制数的高位相等时，两个数的比较结果由二进制数的低位比较的结果决定。

2.7.3　模块符号

4 位数值比较器的模块符号如图 2-21 所示。

图 2-21　4 位数值比较器的模块符号

2.7.4　硬件描述代码

```
module compare (Y,A,B);
    input [3:0] A ;    //两个输入数值
    input [3:0] B ;
    output [2:0] Y ;   //比较结果
    reg [2:0] Y ;
    always @ ( A or B )
        begin
```

```
        if ( A > B )
            Y <= 3'b100;
        else if ( A == B )
            Y <= 3'b010;
         else  Y <= 3'b001;
    end
  endmodule
```

2.7.5　仿真测试

（1）新建工程。启动 ModelSim 6.5，选择 File→New→Project 命令，创建工程，输入工程名为 compare。

（2）创建文件。在添加项目窗口中单击 Create New File 图标，创建文件，依次添加 compare.v、compare_tf.v 两个文件。双击 compare.v 文件，输入比较器的源码，然后双击 compare_tf.v 文件，输入数值比较器的测试代码，其测试代码如下：

```
`timescale 1ns / 1ns
module compare_tf;
    reg [3:0] A ;        //两个输入数值
    reg [3:0] B ;
    wire [2:0] Y ;       //比较结果
compare u1( Y ,A ,B );
initial                  //两路比较信号
    begin
      A=0;B=0;
      while(1)           //比较信号设置
        begin
        #20 A=4;B=8;
        #20 A=6;B=6;
        #20 A=8;B=4;
        end
    end
endmodule
```

（3）编译工程。先保存两个文件，然后选择 Compile→Compile All 命令，编译所有程序。如果代码没有语法错误，在 Transcript 窗口中将显示"2 compiles,0 failed with no errors."。

（4）进行仿真。单击仿真按钮，打开仿真选择对话框。在 Design 标签下选择 work 下的 compare_tf.v 测试文件，取消勾选 Optimazation 项下的 Enable Optimazation 复选框，单击 OK 按钮，启动仿真。

（5）生成波形。在 sim 窗口中，右击测试文件，选择 Add→To Wave→All items in design 命令，即可将测试文件的输入项添加到波形文件的 Messages（信息栏）项中，单击运行仿真按钮，即可查看波形图。4 位数值比较器的波形图如图 2-22 所示。

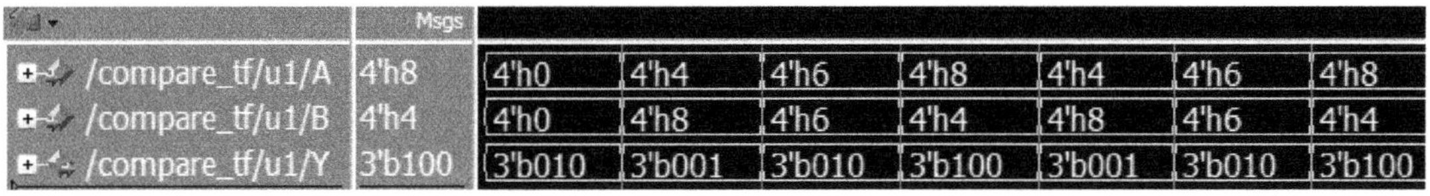

	Msgs							
/compare_tf/u1/A	4'h8	4'h0	4'h4	4'h6	4'h8	4'h4	4'h6	4'h8
/compare_tf/u1/B	4'h4	4'h0	4'h8	4'h6	4'h4	4'h8	4'h6	4'h4
/compare_tf/u1/Y	3'b100	3'b010	3'b001	3'b010	3'b100	3'b001	3'b010	3'b100

图 2-22　4 位数值比较器的波形图

任务 2.8　描述触发器

2.8.1　理论知识

1. 块语句

块语句用来将两条或多条语句组合在一起，使其在形式上更像一条语句，以增加程序的可读性。块语句有两种：一种是 begin…end 语句，一般用来标识顺序执行的语句，用它来标识的块称为顺序块；另一种是 fork…join 语句，一般用来标识并行执行的语句，用它来标识的块称为并行块。

1）顺序块

顺序块有以下特点：

（1）块内的语句是顺序执行的；

（2）每条语句的延迟时间是相对于前一条语句的仿真时间而言的；

（3）直到最后一条语句执行完，才跳出该顺序块。

顺序块的格式如下：

```
begin
    语句1；
```

```
    语句 2;
       …
    语句 n;
  end
```

或

```
begin: 块名
    块内声明语句;
    语句 1;
    语句 2;
       …
    语句 n;
end
```

其中，块名即该块的名称，是一个标识名。

块内声明语句可以是参数声明语句、reg 型变量声明语句、integer 型变量声明语句、real 型变量声明语句。

例 1：顺序块举例。

```
begin
      b = a;
    #10  c = b;                 //在两条赋值语句间延迟 10 个时间单位
    end
```

注意：这里标识符"#"表示延迟。

例 2：用顺序块和延迟控制语句组合产生一个时序波形。

```
    parameter d = 50;
    reg[7:0] r;
    begin                   //由一系列延迟产生的波形
        # d  r = ' h35 ;
        # d  r = ' hE2 ;
        # d  r = ' h00 ;
        # d  r = ' hF7 ;
        # d  ->end_wave;      //触发事件 end_wave
    End
```

顺序块产生的时序波形如图 2-23 所示。

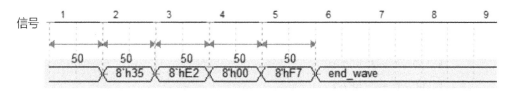

图 2-23　顺序块产生的时序波形图

2）并行块

并行块有以下特点：

（1）块内的语句是同时执行的；

（2）块内每条语句的延迟时间是相对于程序运行到块内时的仿真时间而言的；

（3）延迟时间用于给赋值语句提供时序；

（4）当按时间排序在最后的语句执行完或一个 disable 语句执行时，跳出该并行块。

并行块的格式如下：

```
fork
    语句1；
    语句2；
    …
    语句n；
join
```

　或

```
fork：块名
    块内声明语句；
    语句1；
    语句2；
    …
    语句n；
join
```

注意：块内声明语句可以是参数声明语句、reg 型变量声明语句、integer 型变量声明语句、real 型变量声明语句、time 型变量声明语句和事件说明语句。

例：用并行块和延迟控制语句组合产生一个时序波形。

```
    reg[7:0] r;
    fork                        //由一系列延迟产生的波形
```

```
      # 50   r = ' h35 ;
      # 100  r = ' hE2 ;
      # 150  r = ' h00 ;
      # 200  r = ' hF7 ;
      # 250  -> end_wave;              //触发事件 end_wave
      Join
```

并行块产生的时序波形如图 2-24 所示。

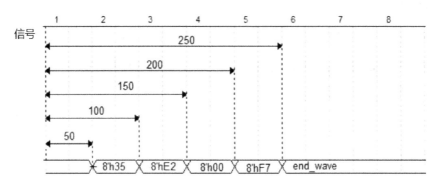

图 2-24　并行块产生的时序波形图

3）块语句的特点

块语句具有 3 个特点：嵌套块、命名块和命名块的禁用。

（1）嵌套块。

块可以嵌套使用，顺序块和并行块能够混合在一起使用。

例：嵌套块。

```
   initial
      begin
         x=1'b0;                      //在仿真时刻 0 完成赋值
         fork
            #5 y=1'b1;                //在仿真时刻 5 完成赋值
            #10 z={x,y};              //在仿真时刻 10 完成赋值
         join
         #20 w={y,x};                 //在仿真时刻 30 完成赋值
      end
```

（2）命名块。

块可以有自己的名称，称为命名块。

例：显示命名块和命名块的层次引用。

```
module top;
initial
    begin: block1        //名字为 block1 的顺序命名块
      integer i;         //整型变量 i 是 block1 命名块的静态本地变量
                         //其他模块可以用层次名 top.block1.i 访问
…
…
    end
initial
    fork: block2         //名字为 block2 的并行命名块
      reg i;             //寄存器变量 i 是 block2 命名块的静态本地变量
                         //其他模块可以用层次名 top.block2.i 访问
…
…
    join
```

（3）命名块的禁用。

Verilog HDL 通过关键字 disable 提供了一种中止命名块执行的方法。

例：命名块的禁用。

```
/*在（矢量）标志寄存器的各个位中从低有效位开始查找第一个值为 1 的位*/
reg [15:0] flag;
integer i;                    //用于计数的整数，定义为整数型
initial
    begin
    flag=16'b0010_0000_0000_0000;
    i=0;
    begin: block1      //while 循环声明中的主模块是命名块 block1
      while(i<16)
        begin
          if(flag[i])  //i=13 时执行，即第 13 位
            begin
              $display("Encountered a TRUE bit at element number %d",i);
              disable block1; /*在标志寄存器中找到了值为真（1）的位，禁用 block1*/
            end
```

```
                i=i+1;
            end
        end
    end
```

2.8.2　设计原理

1. 基本触发器

触发器是具有记忆功能，能储存一位二进制数的逻辑电路。触发器是典型的时序逻辑电路。基本 RS 触发器是最简单的触发器，是构成其他种类触发器的基本单元。它可由两个与非门的输入和输出交叉反馈连接而成，如图 2-25 所示。

图 2-25 中的 $\overline{R_D}$、$\overline{S_D}$ 为触发器的两个输入端，$\overline{S_D}$ 称为置位（或置 1）端；$\overline{R_D}$ 称为复位（或置 0）端。在标注字母上方加横线，表示低电平信号有效。触发器还有两个输出端，两者的逻辑电平相反，以 Q 端为基准，若 Q=1，则 $\overline{Q}$=0。

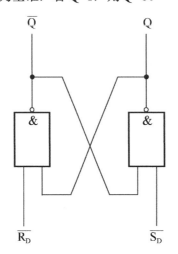

图 2-25　与非门构成的基本 RS 触发器

2. 同步 RS 触发器

基本 RS 触发器只要输入信号变化，输出状态就会立即发生相应变化，这不但使得电路的抗干扰能力变差，也给多个触发器的同步工作带来不便。在实际应用中，通常要求触发器的状态按一定的时间节拍变化，即在时钟信号到达时，才根据输入信号改变状态；没有时钟信号时，即使输入信号改变，也不影响触发器的输出状态。为此，增加时钟信号输入端 CP 及相应的输入控制电路，形成同步 RS 触发器。同步 RS 触发器的电路结构和逻辑符号如

图 2-26 所示。其功能如表 2-16 所示。

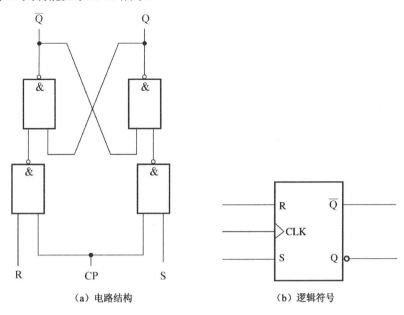

（a）电路结构　　　　　　　　　　（b）逻辑符号

图 2-26　同步 RS 触发器的电路结构和逻辑符号

表 2-16　同步 RS 触发器的特性功能表

CP	R	S	Q^n	Q^{n+1}	功能描述
0	x	x	x	Q^n	保持
1	0	0	0	0	保持
1	0	0	1	1	
1	0	1	0	1	置"1"
1	0	1	1	1	
1	1	0	0	0	置"0"
1	1	0	1	0	
1	1	1	0	x	不定
1	1	1	1	x	

3. D 触发器

D 触发器是一个具有记忆功能的、具有两个稳定状态的信息存储器件；是构成多种时序电路的基本逻辑单元，又称锁存器，可用来传输、存放输入信号（数据）。D 触发器由 4 个与非门组成，其中 G1 和 G2 构成基本 RS 触发器。D 触发器的电路结构与逻辑符号如图 2-27 所示。电平触发的主从触发器工作时，必须在上升沿前加入输入信号。如果在 CP 高电平期间输入端出现干扰信号，就有可能使触发器的状态出错。而边沿 D 触发器允许在 CP 触发沿来到前一瞬间加入输入信号。这样，输入端受干扰的时间大大缩短，受干扰的可能性就降低了。边沿 D 触发器也称为维持-阻塞边沿 D 触发器。

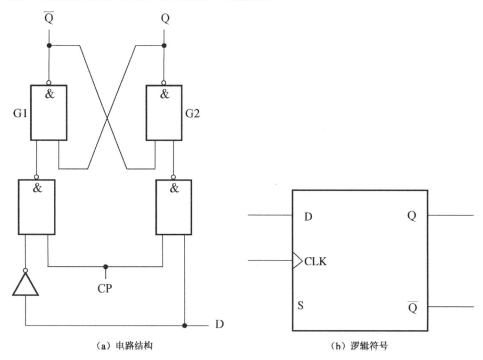

（a）电路结构　　　　　　　　（b）逻辑符号

图 2-27　D 触发器的电路结构与逻辑符号

在 CP 上升沿时，Q 等于 D；在 CP 高电平、低电平和下降沿时，Q 保持不变。

1）功能表

边沿 D 触发器的功能如表 2-17 所示。

表 2-17　边沿 D 触发器特性功能表

D	Q^n	Q^{n+1}	功能描述
0	0	0	
0	1	0	输出状态与 D 端状态相同
1	0	1	
1	1	1	

2）特性方程

$$Q^{n+1}=D$$

3）时序图

D 触发器的时序图如图 2-28 所示。

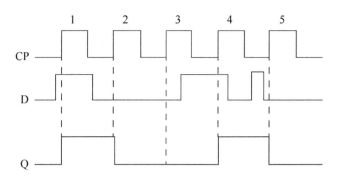

图 2-28　D 触发器的时序图

从图 2-28 中可知，D 触发器为上升沿触发方式。在第一个上升沿，D 为 1，Q 为 1；在第二个上升沿，D 为 0，此时 Q 变化为 0；而在两个上升沿之间，虽然 D 产生了变化，但是 Q 保持之前状态不变。

2.8.3　模块符号

D 触发器的模块符号如图 2-29 所示。

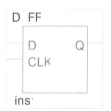

图 2-29　D 触发器的模块符号

2.8.4　硬件描述代码

1. 同步 RS 触发器

```
module SY_RS_FF (R, S, CLK, Q,QB );
  input R, S, CLK;
  output Q, QB;
  reg Q;                          //寄存器定义，在 always 语句中被赋值的信号为 reg 类型
  assign QB = ~Q;                 //assign 语句，QB= Q̄。
  always @(posedge CLK )          //在 CLK 的上升沿，执行以下语句
    case ({ R ,S })               //参考表 2-16 进行描述
      2'b01:Q <= 1;               //当 R,S 的组合为 01 时，令 Q=1
```

```
            2'b10:Q <= 0;              //当 R,S 的组合为 10 时，令 Q=0
            2'b11:Q <= 1'bx;           //当 R,S 的组合为 11 时，数值为不定值(x)
        endcase
    endmodule
```

2. 基本 D 触发器

```
module D_FF(Q,D,CLK);
    input D,CLK;
    output Q;
    reg Q;
    always @ (posedge CLK)         //上升沿
        begin
            Q <= D;
        end
endmodule
```

2.8.5 仿真测试

（1）新建工程。启动 ModelSim 6.5，选择 File→New→Project 命令，创建工程，输入工程名为 Flip_Flop。

（2）创建文件。在添加项目窗口中单击 Create New File 图标，创建文件，依次添加 D_FF.v、D_FF_tf.v 两个文件。双击 D_FF.v 文件，输入 D 触发器的源码，然后双击 D_FF_tf.v 文件，输入 D 触发器的测试代码，其测试代码如下：

```
`timescale 1ns / 1ns
module D_FF_tf;
    reg D,CLK;
    wire Q;
    D_FF u1(.D(D),.CLK(CLK),.Q(Q));
    initial          //描述时钟信号，周期为20ns
      begin
        CLK=0;
        while(1) #10 CLK=~CLK;
      end
    initial
      fork           //以时序图 2-28 为例描述 D 信号
```

```
        D=0;
    #8   D=1;
    #23  D=0;
    #55  D=1;
    #72  D=0;
    #83  D=1;
    #88  D=0;
    join
endmodule
```

（3）编译工程。先保存两个文件，然后选择 Compile→Compile All 命令，编译所有程序。如果代码没有语法错误，在 Transcript 窗口中将显示"2 compiles,0 failed with no errors."。

（4）进行仿真。单击仿真按钮，打开仿真选择对话框。在 Design 标签下选择 work 下的 D_FF_tf.v 测试文件，取消勾选 Optimazation 项下的 Enable Optimazation 复选框，单击 OK 按钮，启动仿真。

（5）生成波形。在 sim 窗口中，右击测试文件，选择 Add→To Wave→All items in design 命令，即可将测试文件的输入项添加到波形文件的 Messages（信息栏）项中，单击运行仿真按钮，即可查看波形图。D 触发器的波形图如图 2-30 所示。

图 2-30　D 触发器的波形图

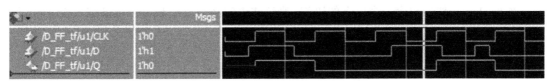　描述计数器

2.9.1　理论知识

1. initial 语句

在一个程序中，使用 initial 语句和 always 语句的次数是不受限制的，它们都是在仿真的一开始同时开始运行的。initial 语句只执行一次，而 always 语句则不断地重复执行，直到仿真结束。但是 always 后面的过程块是否运行，则要看它的触发条件是否满足，满足则运行一

次，再满足再运行，直至仿真结束。格式如下：

```
initial
  begin
    语句 1;
    语句 2;
      …
    语句 n;
  end
```

一个模块中可以有多个 initial 块，它们都是并行运行的。initial 块常用于测试文件和虚拟模块的编写，用来产生仿真测试信号和设置信号记录等仿真环境。

2. always 语句

在 always 语句所在的块（以下称 always 块）中被赋值的只能是 register 型变量。每个 always 块在仿真一开始便开始执行，当执行完块中最后一个语句后，继续从 always 块的开头执行。

其声明格式如下：

```
always  <时序控制>  <语句>
```

如果 always 块中包含一个以上的语句，则这些语句必须放在 begin…end 或 fork…join 块中。例如：

```
always @ (posedge clk or negedge clear)
  begin
    if(!clear)  qout = 0;  //异步清零
    else    qout = 1;
  end
```

always 语句必须与一定的时序控制结合在一起才有用，如果没有时序控制，则会产生仿真器的死锁。例如，always areg=~areg;，这将产生 0 延迟的无限循环跳变过程，这时会发生仿真死锁。

always 块的时序控制信号可以是边沿触发信号，也可以是电平触发信号，可以是单个信号，也可以是多个信号，中间用 or 连接。关键字 posedge 表示上升沿；negedge 表示下降沿。

例 1：由两个上升沿触发的 always 块。

```
always@ (posedge clock or posedge reset)
  begin
```

```
      …… //描述时序逻辑行为
   end
```

例 2：由多个信号触发的 always 块。

```
always@ (a or b or c)
   begin
      …… //描述组合逻辑行为
   end
```

边沿触发的 always 块常常描述时序逻辑行为，如有限状态机，通常对应于寄存器组和门级组合逻辑的结构。而信号触发的 always 块常常用来描述组合逻辑的行为。

在 always 语句中，由 or 连接的多个事件名或者信号名组成的列表称为敏感列表。用 or 或者 "，" 表示这种关系。如果输入的逻辑变量较多，那么编写敏感列表会很烦琐而且容易出错。针对这种情况，Verilog HDL 中可以用@* 和 @（*），它们表示对后面语句块中所有的输入变量的变化是敏感的。

always 块语句是用于综合过程的很有用的语句之一，但又常常是不可综合的。为了得到最好的综合结果，always 块应严格按以下模板来编写：

模板 1：

```
always @ (Inputs)        //所有输入信号必须列出，用 or 隔开
   begin
      ……                 //组合逻辑关系
   end
```

模板 2：

```
always @ (Inputs)        //所有输入信号必须列出，用 or 隔开
   if (Enable)
      begin
         ……              //锁存动作
      end
```

模板 3：

```
always @ (posedge Clock) //只有时钟信号（Clock）
   begin
      ……                 // 同步动作
   end
```

模板 4：

```
always @ (posedge Clock or negedge Reset)  //包括时钟信号(Clock)和复位信号(Reset)
  begin
     if (! Reset)                          // 测试异步复位电平是否有效
      ……                                  // 异步动作
     else
      ……                                  // 同步动作
  end                                       // 可产生触发器或组合逻辑
```

例：结合 initial 语句和 always 语句编写时钟信号。

```
initial
  begin
    clk=0;
  end
always #10 clk=!clk;
```

2.9.2　设计原理

1. 计数器简介

计数是一种简单的基本的运算，计数器就是实现这种运算的逻辑电路。计数器在数字系统中主要对脉冲的个数进行计数，以实现测量、计数和控制功能，兼有分频功能。计数器由基本的计数单元和一些控制门组成。计数单元则由一系列具有存储信息功能的各类触发器构成。这些触发器有 RS 触发器、T 触发器、D 触发器及 JK 触发器等。

2. 计数器的分类

（1）如果按照计数器中的触发器是否同时翻转分类，可将计数器分为同步计数器和异步计数器两种。

（2）如果按照计数过程中数字增减分类，可将计数器分为加法计数器、减法计数器和可逆计数器，随时钟信号不断增加的为加法计数器，不断减少的为减法计数器，可增可减的为可逆计数器。

（3）按计数进制分类，可将计数器分为二进制计数器和非二进制计数器。非二进制计数器中最典型的是十进制计数器。

3. 二进制计数器的结构

一个触发器可作为 1 位二进制计数器,则适当连接 N 个触发器可构成 N 位二进制计数器。

1）异步二进制计数器

异步计数器的计数脉冲没有加到所有触发器的 CP 端。当计数脉冲到来时,各触发器的翻转时刻不同。异步二进制计数器是计数器中最基本最简单的电路,它一般由计数型触发器连接而成,计数脉冲加到最低位触发器的 CP 端,低位触发器的输出 Q 作为相邻高位触发器的时钟脉冲。由 JK 触发器组成的 4 位异步二进制加法计数器如图 2-31 所示。

2）同步二进制计数器

为了提高计数速度,可采用同步计数器,其特点是,计数脉冲同时加到各位触发器的 CP 端,当计数脉冲到来时,各触发器同时被触发,应该翻转的触发器是同时翻转的,没有各级延迟时间的积累问题。同步计数器中,各触发器的翻转与时钟脉冲同步。由 JK 触发器组成的 4 位同步二进制加法计数器如图 2-32 所示。

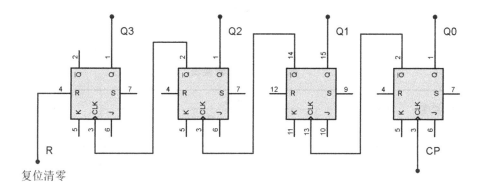

图 2-31　4 位异步二进制加法计数器

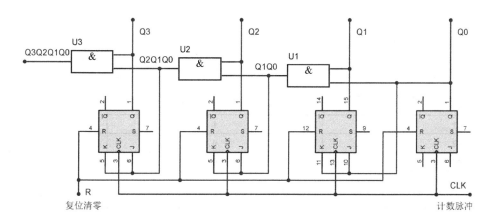

图 2-32　4 位同步二进制加法计数器

根据计数器的结构图，列出各触发器的驱动方程：

$$J0=K0=1$$

$$J1=K1=Q0$$

$$J2=K2=Q1Q0$$

$$J3=K3=Q3Q1Q0$$

将驱动方程代入 JK 触发器的特性方程 $Q^{n+1}=J\overline{Q^n}+\overline{K}Q^n$，可得计数器的状态方程：

$$Q0^{n+1}=\overline{Q0}$$

$$Q1^{n+1}=Q0\overline{Q1}+\overline{Q0}\,Q1$$

$$Q2^{n+1}=Q1Q0\overline{Q2}+\overline{Q1}\,\overline{Q0}\,Q2$$

$$Q3^{n+1}=Q2Q1Q0\overline{Q3}+\overline{Q2}\,\overline{Q1}\,\overline{Q0}\,Q3$$

电路的输出方程为

$$C=Q3Q2Q1Q0$$

根据上述的状态方程和输出方程得到状态转换表，如表 2-18 所示。

表 2-18 状态转换表

计数脉冲顺序	电路状态				等效十进制数
	Q3	Q2	Q1	Q0	
0	0	0	0	0	0
1	0	0	0	1	1
2	0	0	1	0	2
3	0	0	1	1	3
4	0	1	0	0	4
5	0	1	0	1	5
6	0	1	1	0	6
7	0	1	1	1	7
8	1	0	0	0	8
9	1	0	0	1	9
10	1	0	1	0	10
11	1	0	1	1	11
12	1	1	0	0	12
13	1	1	0	1	13
14	1	1	1	0	14
15	1	1	1	1	15
16	0	0	0	0	0

从表 2-18 中可见，每输入一个脉冲，计数器加 1；每输入 16 个脉冲，计数器工作一个循环。

2.9.3　模块符号

计数器的模块符号如图 2-33 所示。

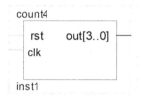

图 2-33　计数器的模块符号

2.9.4　硬件描述代码

1. 二进制计数器

```
module counter2(out,rst,clk);
    output[3:0] out;
    input rst,clk;
    reg[3:0] out;
    always @(posedge clk)          //时钟上升沿计数
        begin
            if (rst==1) out<=0;    //同步复位
                else  out<=out+1'b1;   //计数
        end
endmodule
```

2. 十进制计数器

```
module counter10 (clk,rst,out);
    input clk,rst;
    output [3:0]out;
    reg[3:0]out;
    always@( posedge clk or negedge rst)
        if(rst==1) out <=0;                //复位清零
```

```
            else  if(out ===4'd9) out <=0;
                else  out <= out +1'b1;

endmoudule
```

2.9.5　仿真测试

（1）新建工程。启动 ModelSim 6.5，选择 File→New→Project 命令，创建工程，输入工程名为 counter。

（2）创建文件。在添加项目窗口中单击 Create New File 图标，创建文件，依次添加 counter2.v、counter2_tf.v 两个文件。双击 counter2.v 文件，输入二进制计数器和十进制计数器的源码，然后双击 counter2_tf.v 文件，输入这两个计数器的测试代码，其测试代码如下：

```verilog
`timescale 1ns/1ps
module counter2_tf;
    reg  rst,clk;
    wire  [3:0] out;
    counter2  u1(out,rst,clk);
    /* counter10  u1(clk,rst,out);     //调用十进制计数器*/
    initial
      begin                            //复位信号
            rst  = 0; clk = 1;
        #20   rst  = 1;
        #100  rst  = 0;
      end
    always #10 clk = ~clk;             //时钟信号
endmodule
```

（3）编译工程。先保存两个文件，然后选择 Compile→Compile All 命令，编译所有程序。如果代码没有语法错误，在 Transcript 窗口中将显示 "2 compiles,0 failed with no errors."。

（4）进行仿真。单击仿真按钮，打开仿真选择对话框。在 Design 标签下选择 work 下的 counter2_tf.v 测试文件，取消勾选 Optimazation 项下的 Enable Optimazation 复选框，单击 OK 按钮，启动仿真。

（5）生成波形。在 sim 窗口中，右击测试文件，选择 Add→To Wave→All items in design

命令，即可将测试文件的输入项添加到波形文件的 Messages（信息栏）项中，单击运行仿真按钮，即可查看波形图。二进制计数器与十进制计数器的波形图如图 2-34 和图 2-35 所示。

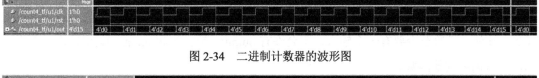

图 2-34　二进制计数器的波形图

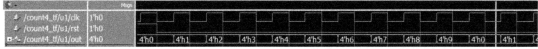

图 2-35　十进制计数器的波形图

任务 2.10　描述分频器

2.10.1　理论知识

1. 任务

任务类似于一段程序，利用任务可以在描述代码的不同位置执行同一代码段。首先要将这个代码段定义成任务，然后就能够在描述代码的不同位置通过任务名调用该任务。任务可以包含时序控制，即延时，任务也可以调用其他任务和函数。

常常利用任务来帮助实现结构化的模块，将批量的操作以任务的形式独立出来，使设计简单明了。

1）任务定义

```
task <任务名>;
   端口及数据类型声明语句;
   其他语句;
endtask
```

2）任务调用

```
<任务名>（端口 1,端口 2,…）;
```

注意：任务被调用时，需列出端口名列表，且必须与任务定义中的 I/O 变量一一对应。

2. 函数

函数类似于任务，也提供了在模块的不同位置执行同一代码段的能力。函数与任务的不同之处在于，函数只能返回一个值，不能包含任何延时（必须立即执行），也不能调用其他任务。此外，函数至少要有一个输入，不允许有 output（输出）和 inout（输入/输出）声明语句，可以调用其他函数。

1）函数定义

```
function <返回值位宽或类型说明> 函数名;
    端口声明;
    局部变量定义;
    其他语句;
endfunction
```

2）函数调用

```
<函数名>（<表达式> <表达式>）
```

利用任务和函数可以把函数模块分成许多小的任务和函数，便于理解和调试。任务和函数往往还是大的程序模块在程序不同位置多次用到的相同的程序段。任务和函数只能实现组合逻辑，而对时序逻辑无能为力。表 2-19 列出了任务与函数的区别。

表 2-19　任务与函数的区别

	任务（task）	函数（function）
目的或用途	可计算多个结果值	通过返回一个值，来响应输入信号
输入与输出	可为各种类型（包括 inout 型）	至少有一个输入变量，但不能有任何 output 或 inout 型变量
被调用	只可在过程赋值语句中调用，不能在连续赋值语句中调用	可作为表达式中的一个操作数来调用，在过程赋值语句和连续赋值语句中均可调用
调用其他任务和函数	任务可调用其他任务和函数	函数可调用其他函数，但不可调用其他任务
返回值	不向表达式返回值	向调用它的表达式返回一个值

2.10.2　设计原理

1. 分频器简介

分频器是指使输出信号频率为输入信号频率整数分之一的电子电路。在许多电子设备

（如电子钟、频率合成器）中，需要各种不同频率的信号协同工作，常用的方法是以稳定度高的晶体振荡器为主振源，通过变换得到所需要的各种频率成分。分频器是一种主要的变换电路。所谓"分频"，就是把输入信号的频率降低为原来的整数分之一。

2. 分频器的设计

分频器可分为奇数分频器和偶数分频器。如果在设计过程中采用参数化设计，就可以随时改变参数以满足不同的分频需要。

1）偶数分频器

偶数分频器的设计原理较为简单，主要利用计数器来实现。假设为 N（N 为偶数）分频，只需计数到 $N/2-1$，然后时钟翻转、计数清零，如此循环就可以得到 N（偶）分频。

二分频是偶数分频中最基本的设计，二分频器通过有分频作用的电路结构，在时钟每触发 2 个周期时，电路输出 1 个周期信号，如图 2-36 所示。

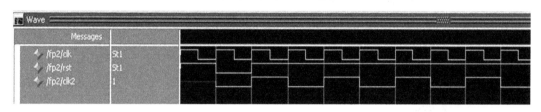

图 2-36　二分频器的时序图

2）奇数分频器

奇数分频器的设计原理与偶数分频器的设计原理很相似，都是通过计数器来实现的。实现 N（N 为奇数）分频，分别用上升沿计数到 $(N-1)/2$，再计数到 $N-1$；用下降沿计数到 $(N-1)/2$，再计数到 $N-1$，得到两个波形，然后把它们相或即可得到 N（奇）分频。

2.10.3　模块符号

分频器的模块符号如图 2-37 所示。

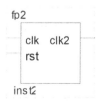

图 2-37　分频器的模块符号

2.10.4 硬件描述代码

1. 二分频器

```verilog
module fp2(clk,rst,clk2);
    input  clk,rst;                        //输入时钟 clk,复位 rst
    output clk2;                           //输出时钟 clk2
    reg clk2;
    always@(posedge clk or negedge rst)    //在 clk 的上升沿翻转
        if(rst==0) clk2<=0;                //复位清零
            else  clk2<=!clk2;             //取反翻转
endmodule
```

2. 偶数分频器

```verilog
module fp_even(clk_out,clk,rst);
    output clk_out;
    input clk;
    input rst;
    reg [1:0] cnt;
    reg clk_out;
    parameter N=6;
    always @ (posedge clk or negedge rst)
     begin
       if(!rst)                        //复位清零
            begin
                cnt <= 0;   clk_out <= 0;
            end
        else  if(cnt==(N/2-1))         //计数到 N 的一半，取反
              begin
              clk_out <= !clk_out;
              cnt<=0;
            end
            else  cnt <= cnt + 1; //计数未到，加 1
       end
endmodule
```

可以通过改变参量 N 的值和计数变量 cnt 的位宽实现任意偶数分频。

3. 奇数分频器

```verilog
module fp5(clk5, clk, rst);
    input clk, rst;
    output clk5;
    reg clk_p, clk_n;                    //上升沿分频 clk_p,下降沿分频 clk_n
    reg [2:0] cnt1, cnt2;                //注意根据实际需要调整位宽
    parameter N = 5;                     //此处 N 可以设为任意奇数
    //用上升沿产生非 50%占空比的分频信号 clk_p
    always @(posedge clk or negedge rst)
     if(!rst)
         begin
             cnt1 <= 0;clk_p <= 0;
         end
       else if(cnt1 == (N-1)/2)          //(5-1)/2=2(3'b10),翻转
           begin
             cnt1 <= cnt1 + 1'b1;
             clk_p <= ~clk_p;
           end
       else if(cnt1 ==(N-1))             //5-1=4(3'b100),翻转
             begin
             cnt1 <= 1'b0;
             clk_p <= ~clk_p;
           end
           else  cnt1 <= cnt1 +1'b1;
    //用下降沿产生非 50%占空比的分频信号 clk_n
    always @(negedge clk or negedge rst)
     if(!rst)
       begin
           cnt2 <= 0;clk_n <= 0;
       end
       else if(cnt1 == (N-1)/2)          //(5-1)/2=2(3'b10),翻转
             begin
               cnt2 <= cnt2 + 1'b1;
               clk_n <= ~clk_n;
             end
       else if(cnt1 ==(N-1))             //5-1=4(3'b100),翻转
                begin
```

```
            cnt2 <= 1'b0;
            clk_n <= ~clk_n;
            end
        else cnt2 <= cnt2 +1'b1;
    assign clk5 = clk_p | clk_n;        //相或运算，得到 50%占空比的分频信号
endmodule
```

2.10.5 仿真测试

（1）新建工程。启动 ModelSim 6.5，选择 File→New→Project 命令，创建工程，输入工程名为 Divider。

（2）创建文件。在添加项目窗口中单击 Create New File 图标，创建文件，依次添加 fp5.v、fp5_tf.v 两个文件。双击 fp5.v 文件，输入五分频器的源码，然后双击 fp5_tf.v 文件，输入分频器的测试代码，其测试代码如下：

```
`timescale 1ns/1ps
module fp5_tf;
    reg  rst,clk;
    wire  clk5;
    fp5  u1(clk5, clk, rst);
    //由于三种分频器的输入信号一样，所以只需修改输出信号即可
    //fp2 u1(clk,rst,clk2)二分频调用
    //fp_even(clk_out,clk,rst)偶分频调用
    initial
      begin                      //复位信号
            rst  = 1; clk = 0;
        #20   rst  = 0;
        #100  rst  = 1;
      end
    always #10 clk = ~clk;    //时钟信号
endmodule
```

（3）编译工程。先保存两个文件，然后选择 Compile→Compile All 命令，编译所有程序。如果代码没有语法错误，在 Transcript 窗口中将显示"2 compiles,0 failed with no errors."。

（4）进行仿真。单击仿真按钮，打开仿真选择对话框。在 Design 标签下选择 work 下的

fp5_tf.v 测试文件,取消勾选 Optimazation 项下的 Enable Optimazation 复选框,单击 OK 按钮,启动仿真。

（5）生成波形。在 sim 窗口中，右击测试文件，选择 Add→To Wave→All items in design 命令，即可将测试文件的输入项添加到波形文件的 Messages（信息栏）项中，单击运行仿真按钮，即可查看波形图。五分频器的波形图如图 2-38 所示。

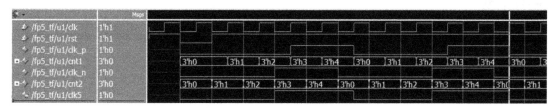

图 2-38　五分频器的波形图

任务 2.11　描述移位寄存器

2.11.1　理论知识：预处理语句

编译预处理是 Verilog HDL 编译系统的一个组成部分，指编译系统会对一些特殊命令进行预处理，然后将预处理结果和源程序一起进行通常的编译处理。编译预处理语句以西文符号 "｀"（反引号）开头——注意，不是单引号 "'"。这里主要介绍三种比较常用的预处理语句。

1）宏定义：｀define

｀define 指令是一个宏定义命令，通过指定一个标识符来代表一个字符串，可以增加 Veirlog HDL 代码的可读性和可维护性，找出参数或函数不正确或不允许的地方。｀define 指令类似于 C 语言中的#define 指令，可以在模块的内部或外部定义，编译器在编译过程中遇到该语句将把宏文本替换为宏的名称。｀define 命令的语法格式如下：

```
｀define 标识符（宏名）字符串（宏内容）
```

例如：

```
｀define IN ina+inb+inc+ind
```

宏定义的作用：以一个简单的名称代替一个长的字符串或复杂表达式；以一个有含义的名称代替没有含义的数字和符号。

使用 ` define 指令的注意事项：

（1）宏名可以用大写字母表示，也可用小写字母表示；但建议用大写字母表示，以与变量名相区别。

（2）` define 语句可以写在模块定义的外面或里面。宏名的有效范围为 ` define 指令之后到源文件结束。

（3）在引用已定义的宏名时，必须在其前面加上符号 " ` "。

（4）使用宏名代替一个字符串，可简化书写，便于记忆，易于修改。

（5）预处理时只是将程序中的宏名替换为字符串，不管含义是否正确，只在编译宏展开后的源程序时才报错。

（6）宏名和宏内容必须在同一行中进行声明。

2）文件包含处理：`include

所谓文件包含，是指一个源文件可以将另一个源文件的全部内容包含进来，即将另外的文件包含到本文件之中。`include 语句的一般格式为：

`include "文件名"

在执行命令时，将被包含文件的全部内容复制到`include 命令出现的地方，然后继续进行下一步的编译。关于文件包含的几点说明：

（1）一个文件包含命令只能指定一个被包含的文件，如果需要包含 n 个文件，要用 n 个 `include 命令。

（2）`include 命令可以出现在 Verilog HDL 程序的任何位置。被包含文件名可以是相对路径名，也可以是绝对路径名。

（3）可以将多个包含命令写在同一行，可以出现空格和注释行。

（4）如果文件 1 包含文件 2，文件 2 需要用到文件 3 的内容，可以在文件一中用两个 `include 命令分别将文件 2 和文件 3 包含进去，而且文件 3 要在文件 2 之前。

（5）在一个被包含文件中又可以包含其他的文件，即文件的包含是可以嵌套的。

例如:

```
`include "aaa.v" "bbb.v"      //非法!
`include "aaa.v"              //合法!
`include "bbb.v"              //合法!
```

例如:

```
`include "parts/count.v"              //合法!
```

3)时间尺度：`timescale

`timescale 命令用来说明跟在该命令后面的模块的时间单位和精度。使用`timescale 命令可以在同一个设计中包含不同的时间单位的模块。`timescale 命令的格式如下：

```
`timescale<时间单位>/<时间精度>
```

在这条命令中，时间单位参量是用来定义模块中的仿真时间和延迟时间的基准单位的。时间精度是用来声明该模块的仿真时间的精确程度的，该参量被用来对延迟时间值进行取整操作，因此又可以称为取整精度。如果在同一个程序里，存在多个`timescale 命令，则由最小的时间精度值来决定仿真的时间单位。另外，时间精度不能大于时间单位值。

例如:

```
`timescale 1ps / 1ns      // 非法!
`timescale 1ns / 1ps      // 合法!
```

使用`timescale 时应该注意，`timescale 的有效区域为从`timescale 语句开始直至下一个`timescale 命令或者`resetall 语句为止。当有多个`timescale 命令时，只有最后一个才起作用，所以在同一个源文件中`timescale 定义的不同的模块最好分开编译，以免出错。

例如:

```
`timescale 1ns/1ps   /*时间值都为 1ns 的整数倍，时间精度为 1ps，因此延迟时间可以表达为带 3 位
                       小数的实型数*/
`timescale 10μs/100ns   /*时间值为 10μs 的整数倍，时间精度为 100ns，因此延迟时间可以表达为
                          带 2 位小数的实型数*/
```

在 `timescale 语句中，时间单位和时间精度参量的值必须是整数。其有效数字为 1、10、100；单位为秒（s）、毫秒（ms）、微秒（us）、纳秒（ns）、皮秒（ps）、毫皮秒（fs）。

2.11.2 设计原理

1. 寄存器简介

在数字电路中，用来存放二进制数据或代码的电路称为寄存器，它是由具有存储功能的触发器构成的。一个触发器可以存储 1 位二进制代码，故存放 n 位二进制代码的寄存器，需用 n 个触发器来构成，如图 2-39 所示。

无论寄存器中原来的内容是什么，只要控制时钟脉冲 CP 上升沿到来，加在并行数据输入端的数据 $D_1 \sim D_4$，就立即被送入寄存器中，即有：

$$Q_4^{n+1}Q_3^{n+1}Q_1^{n+1}Q_1^{n+1} = D_4D_3D_2D_1$$

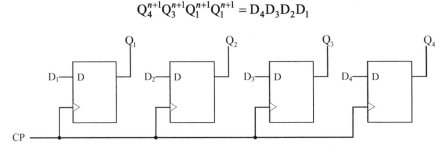

图 2-39　4 位数码寄存器

按照功能的不同，可将寄存器分为基本寄存器和移位寄存器两大类。基本寄存器只能并行送入数据，并行输出数据。移位寄存器中的数据可以在移位脉冲作用下依次逐位右移或左移，数据既可以并行输入、并行输出，也可以串行输入、串行输出，还可以并行输入、串行输出，或串行输入、并行输出，因此移位寄存器用途很广。

2. 移位寄存器的设计

移位寄存器是一种在若干相同时钟脉冲下工作的以触发器为基础的器件，数据以并行或串行的方式输入该器件中，然后每个时间脉冲依次向左或向右移动 1 位，在输出端进行输出。根据移位数据的输入方式和输出方式，又可将移位寄存器分为串行输入-串行输出、串行输入-并行输出、并行输入-串行输出和并行输入-并行输出四种电路结构。通常信息在线路上的传送是串行传送，而终端的输入或输出往往是并行的，因而需对信号进行串并转换或并串转换。

1）串行转换为并行

图 2-40 所示电路采用 D 触发器构成 4 位右移移位寄存器，串行输入数据从触发器 1 送入，4 位并行输出数据从 4 个 D 触发器的输出端送出。

通过 4 个 CP 作用后，1010 这 4 个数码逐位存入各级触发器中，在第 5 个 CP 的上升沿到来之前，并行输出指令作用于与门，4 个与门的输出就是 4 位并行数码 1010。

2）并行转换为串行

图 2-41 所示为 4 位并行数据转换为 4 位串行数据的电路。该电路采用 D 触发器构成 4 位右移移位寄存器和由并行取样脉冲 M 控制的输入电路。

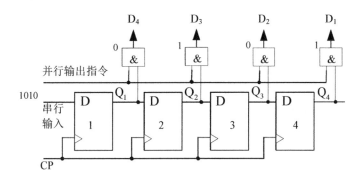

图 2-40　4 位串行数据转换为 4 位并行数据的电路图

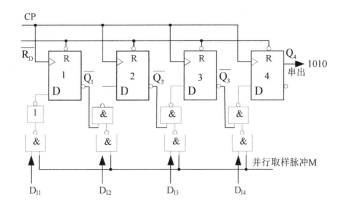

图 2-41　4 位并行数据转换为 4 位串行数据的电路图

2.11.3　模块符号

串入并出的寄存器模块符号如图 2-42 所示。

图 2-42　串入并出的寄存器模块符号

2.11.4　硬件描述代码

1. 串入并出寄存器

```verilog
module SIPO(clk,din,dout); // SIPO 是 Serial Input Parallel Output 的缩写，即串入并出
  input clk;
  input din;
  output [7:0] dout;
  wire [7:0] dout;
  reg [7:0] qtemp;
  always @ (posedge clk)
    begin
      qtemp <= {qtemp[6:0], din};　　//每次输入1位
    end
  assign dout = qtemp;　　　　　　　　//并行输出
endmodule
```

2. 并入串出寄存器

```verilog
module PISO(clk, en, din, dout);
// PISO 是 Parallel Input Serial Output 的缩写，即并入串出
  input [7:0] din;
  input en,clk;
  output dout;
  reg dout;
  reg [7:0] qtemp;
  always@(posedge clk)
    begin
      if(en == 1) qtemp <= din;
      else
      begin
        dout <= qtemp[0];
        qtemp <= {qtemp[0], qtemp[7:1]};
      end
    end
endmodule
```

2.11.5　仿真测试

（1）新建工程。启动 ModelSim 6.5，选择 File→New→Project 命令，创建工程，输入工

程名为 register。

（2）创建文件。在添加项目窗口中单击 Create New File 图标创建文件，依次添加 SIPO.v、SIPO_tf.v 两个文件。双击 SIPO.v 文件，输入串入并出寄存器的源码，然后双击 SIPO_tf.v 文件，输入串入并出寄存器和并入串出寄存器的测试代码，其测试代码如下：

```verilog
`timescale 1ns/1ns
module SIPO_tf;
  reg din;
  reg clk;
  wire [7:0] dout;
  always #10 clk = ~clk;
  initial
    begin
          clk = 1'b0;
      #100 din = 1'b1;
      #20  din = 1'b0;
      #20  din = 1'b1;
      #20  din = 1'b0;
      #20  din = 1'b1;
      #20  din = 1'b0;
      #20  din = 1'b0;
      #20  din = 1'b1;
    end
  SIPO U1(.din(din),.clk(clk),.dout(dout));
endmodule
//////并入串出寄存器 PISO 测试代码///////
`timescale 1ns/1ps
module PISO_tf;
  reg [7:0] din;
  reg clk;
  reg en;
  wire dout;
  PISO u1(clk, en, din, dout);
  always #10 clk=~clk;
  initial
    begin
        clk = 0;en = 0;
      #10 en = 1;din = 8'b1110_0010;
```

```
    #20 en = 0;
    #200 $stop;
  end
endmodule
```

（3）编译工程。先保存两个文件，然后选择 Compile→Compile All 命令，编译所有程序。如果代码没有语法错误，在 Transcript 窗口中将显示"2 compiles,0 failed with no errors."。

（4）进行仿真。单击仿真按钮，打开仿真选择对话框。在 Design 标签下选择 work 下的 SIPO_tf.v 测试文件，取消勾选 Optimazation 项下的 Enable Optimazation 复选框，单击 OK 按钮，启动仿真。

（5）生成波形。在 sim 窗口中，右击测试文件，选择 Add→To Wave→All items in design 命令，即可将测试文件的输入项添加到波形文件的 Messages（信息栏）项中，单击运行仿真按钮，即可查看波形图。串入并出寄存器的波形图如图 2-43 所示，并入串出寄存器的波形图如图 2-44 所示。

图 2-43　串入并出寄存器的波形图

图 2-44　并入串出寄存器的波形图

任务 2.12　描述序列检测器

2.12.1　理论知识

1. 常用系统任务

1）$display 和$write

$display 和$write 是 Verilog HDL 中的两个主要的输出任务，并且这两个系统任务的语法格式都相同。其语法格式如下：

```
$display("<format_specifiers>",<signal1, signal2, ..., signal3>);
$write("<format_specifiers>",<signal1, signal2, ..., signal3>);
```

其中，<format_specifiers>通常称为格式控制，<signal1, signal2, ..., signal3>称为信号输出列表。其用法与 C 语言中的输出函数基本一致。

$display 与$write 的区别：

（1）$display 在输出信息时带有行结束字符，即在输出后自动换行；

（2）$write 在输出特定信息时不自动换行。如果想在一行里输出多个信息，可以使用$write。

格式控制：

格式控制由 "%" 和格式字符组成。其作用是将要输出的数据转换成指定的格式输出。常用的输出格式字符如表 2-20 所示。

表 2-20　常用的输出格式字符

输出格式字符	说　　明
%h 或%H	以十六进制数的形式输出
%d 或%D	以十进制数的形式输出
%o 或%O	以八进制数的形式输出
%b 或%B	以二进制数的形式输出
%c 或%C	以 ASCII 码字符的形式输出
%v 或%V	输出网络型数据信号强度
%m 或%M	输出等级层次的名称
%s 或%S	以字符串的形式输出
%t 或%T	以当前的时间格式输出
%e 或%E	以指数的形式输出实型数
%f 或%F	以十进制数的形式输出实型数
%g 或%G	以指数或十进制数的形式输出实型数

注意：

在使用$display 输出变量时，总是用变量的最大可能值所占的位数来显示当前值。用十进制数格式输出当前结果时有效数值前面的 0 用空格代替。用其他进制数格式输出当前结果时，有效数值前面的 0 仍然会被显示出来。可以在%和表示进制的字符间插入一个 0，这时候$display 会自动调整显示位宽，总是用最小的位宽来显示变量的当前值。例如：

```
$display("d=%0d, h=%0h", data, addr);
```

2）文件操作

（1）打开文件。

任务$fopen 返回一个被称为多通道描述符的 32 位值，多通道描述符中只有一位被设置成 1。

用法 1：

$fopen("<文件名>");

用法 2：

<文件句柄>=$fopen("<文件名>");

注意：用$fopen 打开文件会将原来的文件清空，若要读数据，用$readmemb、$readmemh 就可以了，这个语句不会清空原来文件中的数据。用$fopen 是为了取得句柄，即文件地址。

用法 2 中的文件句柄就是任务$fopen 返回的多通道描述符，默认为 32 位值，最低位（第 0 位）默认为 1，默认开放标准输出通道，即 transcript 窗口。

例如：

```
module disp;
    integer handle1,handle2,handle3;
    initial
      begin
        handle1=$fopen("file1.dat");
        handle2=$fopen("file2.dat");
        handle3=$fopen("file3.dat");
        $display("%h %h %h",handle1,handle2,handle3);
      end
endmodule
```

输出：

```
handle1=32'h0000_0002
handle2=32'h0000_0004
handle3=32'h0000_0008
```

即每一次使用$fopen 函数后都打开了一个新的通道，并且返回了一个设置为 1 的位。默认应该是 0001，以上每条句柄分别设置为 0010，0100，1000（只考虑最低 4 位）。

（2）写文件。

系统任务$fdisplay、$fmonitor、$fwrite 和$fstrobe 都用于写文件。

下面只考虑任务$fdisplay 和$fmonitor。

用法：

$fdisplay（<文件描述符>，p1,p2,…,pn）；

$fmonitor（<文件描述符>，p1,p2,…,pn）；

p1,p2,…可以是变量、信号名或者带引号的字符串。文件描述符是一个多通道描述符，它可以是一个文件句柄或多个文件句柄按位的组合。Verilog HDL 会把输出写到与文件描述符中值为 1 的位相关联的所有文件中。

（3）关闭文件。

用系统函数$fclose 来关闭。

用法：

$fclose（<文件描述符>）；

文件一旦被关闭，就不能再写入了。多通道描述符中的相应位被设置为 0。下一次$fopen 的调用可以重用这一位。

3）$readmemb 和$readmemh

在 Verilog HDL 程序中有两个系统任务$readmemb 和$readmemh 用来从文件中读取数据到存储器（设计的 RAM）中。这两个系统任务可以在仿真的任何时刻被执行，其使用格式有以下六种：

```
$readmemb("<数据文件名>（路径地址和文件名）",<存储器名>);
$readmemb("<数据文件名>",<存储器名>,<起始地址>);
$readmemb("<数据文件名>",<存储器名>,<起始地址>,<结束地址>);
$readmemh("<数据文件名>（路径地址和文件名）",<存储器名>);
$readmemh("<数据文件名>",<存储器名>,<起始地址>);
$readmemh("<数据文件名>",<存储器名>,<起始地址>,<结束地址>);
```

4）$time 和$realtime

使用$time 和$realtime 都可以得到当前的仿真时间。这两个函数被调用后都会返回当前时刻相对于仿真开始时刻的时间值。不同的是，$time 函数以 64 位整数值的形式返回仿真时间；$realtime 函数则以实型数据返回仿真时间。

（1）$time。

$time 返回的时间是以模块的仿真时间单位为基准的。下面举例说明：

```
`timescale 10ns/1ns
module test;
 reg set;
 parameter p=1.6;
 initial
     begin
         $monitor($time,,"set=",set);
         #p set=0;
         #p set=1;
     end
endmodule
```

输出结果为：

```
0 set=x
2 set=0
3 set=1
```

在这个例子中，设计人员想要模块 test 在时刻为 16ns 时设置寄存器 set 为 0，在时刻为 32ns 时设置寄存器 set 为 1。但是由$time 记录的 set 变化时刻却和预想的不一样。这是由下面两个原因引起的：

$time 显示时刻受时间单位的影响。在上面的例子中，时间单位是 10ns，因为$time 输出的时刻总是时间单位的倍数，这样将 16ns 和 32ns 输出为 1.6 和 3.2。

因为$time 总是输出整数，所以在将经过时间单位变换的数字输出时，要先进行取整。在上面的例子中，1.6 和 3.2 经取整后为 2 和 3。注意：时间精度并不影响数字的取整。

补充说明：时间精度可以使仿真的时间精确到 1ns，这样就可以在 16ns 和 32ns 时完成对 set 的赋值。只是在输出仿真时间时是以时间单位（这里是 10ns）为基准的。

（2）$realtime。

$realtime 返回的时间数字是一个实型数，该数字也是以模块的仿真时间单位为基准的。

$realtime 和$time 的作用是一样的。

在上面的例子中，将 parameter p=1.6;中的 p 的值改为 1.55，然后将$time 改为$realtime，

则最后的输出结果为：

```
0 set=x
1.6 set=0
3.2 set=1
```

5）$random

这个系统函数提供了一个产生随机数的手段。当函数被调用时返回一个 32 位的随机数。它是一个带符号的整型数。该函数的语法格式为：

```
$ramdom%<number>;
```

其中 number>0。它给出了一个范围为（-number+1):(number-1)的随机数。使用拼接操作符可以得到一个 0 到 number-1 之间的随机数：

```
{$ramdom}%<number>;
```

2.12.2　设计原理

1. 序列检测器简介

序列检测器是时序数字电路中常见的设计之一。序列检测器是能够从二进制码流中检测出一组特定序列的信号的时序电路。序列检测器广泛应用在数据通信、雷达和遥测等领域。

序列检测器可用于检测一组或多组由二进制码组成的脉冲序列信号。当序列检测器连续收到一组串行二进制码后，如果这组码与检测器中预先设置的码相同，则输出 1，否则输出 0。

由于这种检测的关键在于正确码的收到必须是连续的，这就要求序列检测器必须记住前一次的正确码及正确序列，直到在连续的检测中所收到的每一位码都与预置数的对应码相同。在检测过程中，任何一位码不相等都将回到初始状态，重新开始检测。

2. 序列检测器设计

设计序列检测器，要求能够识别序列"10010"。din 为数字码流输入，z 是检测标记输出，高电平表示"发现指定的序列"，低电平表示"没有发现指定的序列"。

检测序列"10010"的时序输入与输出示例如表 2-21 所示。

表 2-21　检测序列"10010"的时序输入与输出示例

时钟	1	2	3	4	5	6	7	8	9	10	11	12	13	14	15
x（输入）	0	1	1	0	0	1	0	0	1	0	0	0	0	1	0…
z（检测）	0	0	0	0	0	0	1	0	0	1	0	0	0	0	0…

2.12.3　模块符号

序列检测器的模块符号如图 2-45 所示。

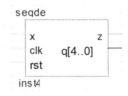

图 2-45　序列检测器的模块符号

2.12.4　硬件描述代码

```
module seqdet(x,clk,rst,z,q);
    input x;              //信号输入
    input clk;            //时钟信号
    input rst;
    output z;
    output [4:0] q;       //序列输出
    reg [4:0] q;
    wire [4:0] q_next;
    assign  q_next ={q[3:0],x};
    assign  z = (q_next== 5'b10010) ? 1'b1:1'b0;
    always @ (posedge clk,negedge rst)
        if(!rst)  q <= 5'd0;
          else   q <= q_next;
endmodule
```

2.12.5　仿真测试

（1）新建工程。启动 ModelSim 6.5，选择 File→New→Project 命令，创建工程，输入工

程名为 seqdet。

（2）创建文件。在添加项目窗口中单击 Create New File 图标，创建文件，依次添加 seqdet.v、seqdet_tf.v 两个文件。双击 seqdet.v 文件，输入序列检测器的源码，然后双击 seqdet_tf.v 文件，输入序列检测器的测试代码，其测试代码如下：

```verilog
`timescale 1ns/1ns
module seqdet_tf;
    localparam T =20;/*本地参数定义，只在当前 module 内有效*/
    reg clk,rst;
    reg [23:0] data;
    wire z,x;
    wire [4:0] q;
    assign x = data[23];
    initial
        begin
            clk =0;rst =1;
        #2  rst =0;
        #30 rst =1;
        data =20'b1100_1001_0000_1001_0100;//输入数据流
        #(T*1000) $stop;
        end
    always #T clk = ~clk;
    always @ (posedge clk)
        #2 data = {data[22:0],data[23]};
    seqdet U1 (.x(x),.z(z),.clk(clk),.q(q),.rst(rst));
endmodule
```

（3）编译工程。先保存两个文件，然后选择 Compile→Compile All 命令，编译所有程序。如果代码没有语法错误，在 Transcript 窗口中将显示 "2 compiles,0 failed with no errors."。

（4）进行仿真。单击仿真按钮，打开仿真选择对话框。在 Design 标签下选择 work 下的 seqdet_tf.v 测试文件，取消勾选 Optimazation 项下的 Enable Optimazation 复选框，单击 OK 按钮，启动仿真。

（5）生成波形。在 sim 窗口中，右击测试文件，选择 Add→To Wave→All items in design 命令，即可将测试文件的输入项添加到波形文件的 Messages（信息栏）项中，单击运行仿真按钮，即可查看波形图。序列检测器的波形图如图 2-46 所示。

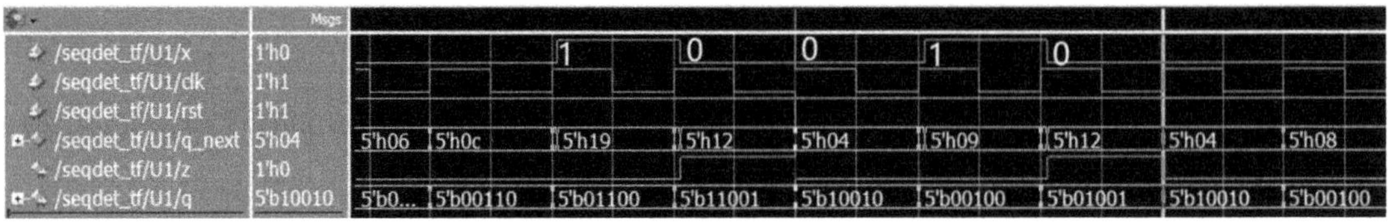

图 2-46　序列检测器的波形图

任务 2.13　有限状态机

2.13.1　理论知识

1. 有限状态机简介

有限状态机（FSM）是指输出取决于过去输入部分和当前输入部分的时序逻辑电路，简称状态机。状态机可以视为组合逻辑和寄存器逻辑的一种组合。状态机特别适合描述那些具有先后顺序或者逻辑规律的事情，这就是状态机的本质。

在实际的应用中根据状态机的输出是否与输入条件相关，可将状态机分为两大类，即摩尔（Moore）型状态机和米勒（Mealy）型状态机。Moore 型状态机的最大特点是输出只由当前状态决定，与输入无关。Moore 型状态机的状态图中的每一个状态都包含一个输出信号。Mealy 型状态机的输出不仅与当前状态有关，与它的输入也有关，因而在状态图中每条转移边都需要有输入和输出的信息。

2. 状态机的描述方法

描述状态机的关键是要描述清楚状态机的几个要素，即如何进行状态转移、每个状态的输出是什么及状态转移的条件等。描述状态机的方法有多种，常见的有以下三种：

（1）一段式：将整个状态机写到一个 always 块里面，在该模块中既描述状态转移，又描述状态的输入和输出。

（2）二段式：用两个 always 块来描述状态机，其中一个 always 块采用同步时序描述状态转移；另一个 always 块采用组合逻辑判断状态转移条件、描述状态转移规律及输出。

（3）三段式：使用三个 always 块描述状态机，第一个 always 块采用同步时序描述状态转移，第二个 always 块采用组合逻辑判断状态转移条件、描述状态转移规律，第三个 always

块描述状态输出（可以用组合电路输出，也可以用时序电路输出）。

一般而言，推荐的状态机的描述方法是后两种。这是因为：和其他设计一样，使用同步时序方式设计状态机，可以提高设计的稳定性，消除毛刺。状态机实现后，一般来说，状态转移部分是同步时序电路，而状态转移条件的判断部分是组合逻辑电路。

同第一种描述方法相比，第二种描述方法将同步时序和组合逻辑分别放到不同的 always 块中实现，这样做的好处不仅仅是便于阅读、理解、维护，更重要的是利于综合器优化代码，利于用户添加合适的时序约束条件，利于布局布线器实现设计。

在第二种描述方法中，描述当前状态的输出用组合逻辑实现，组合逻辑很容易产生毛刺，不利于约束，也不利于综合器和布局布线器实现高性能的设计。与第二种描述方法相比，第三种描述方法根据状态转移规律，在上一状态根据输入条件判断出当前状态的输出，从而在不添加额外时钟节拍的前提下，实现了寄存器输出。

3. Verilog HDL 三段式状态机描述模板

建议使用三个 always 块实现状态机。三段式建模描述状态机的输出时，只需指定 case 敏感列表为次态寄存器，然后直接在每个次态的 case 分支中描述该状态的输出即可，不必考虑状态转移条件。三段式描述方法虽然代码结构复杂了一些，但是使状态机做到了寄存器输出同步，消除了组合逻辑输出的不稳定与毛刺的隐患，而且更利于时序路径分组，一般来说在 FPGA/CPLD 等可编程逻辑器件上的综合与布局布线效果更佳。

三段式描述模板如下：

```
//第一个进程，同步时序 always 块，格式化描述次态寄存器迁移到现态寄存器
always @ (posedge clk or negedge rst_n)    //异步复位
  if(!rst_n)
    current_state <= IDLE;
  else
    current_state <= next_state;           //注意使用的是非阻塞赋值
//第二个进程，组合逻辑 always 块，描述状态转移条件的判断
always @ (current_state)                    //电平触发，当前状态为敏感信号
  begin
    next_state = x;                         //初始化，使得系统复位后能进入正确的状态
    case(current_state)
      S1: if(...)
          next_state = S2;                  //阻塞赋值
```

```
    S2: if(...)
        next_state = S3;                //阻塞赋值
        ...
    endcase
  end
//第三个进程，同步时序 always 块，格式化描述次态寄存器输出
always @ (posedge clk or negedge rst_n)
  begin
    ...//初始化
    case(next_state)
    S1:
        out1 <= 1'b1;          //注意是非阻塞逻辑
    S2:
        out2 <= 1'b1;
    default:...                 //default 的作用是避免综合出锁存器
    endcase
end
```

2.13.2 设计原理

设计一个序列检测器，检测序列"1101"，检测到则输出 1，否则输出 0。采用状态机来实现序列检测器，画出状态转移图，如图 2-47 所示。

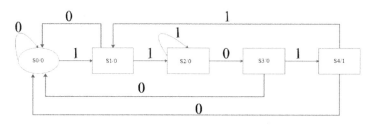

图 2-47 序列检测器的状态转移图

2.13.3 模块符号

序列检测器的状态机模块符号如图 2-48 所示。

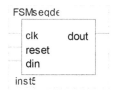

图 2-48　序列检测器的状态机模块符号

2.13.4　硬件描述代码

```verilog
module FSMseqdet (clk,reset,din,dout);
    input clk,reset;
    input din;
    output dout;
    reg dout;
    localparam [2:0]                              //状态声明
    s0 = 3'b000,
    s1 = 3'b001,
    s2 = 3'b010,
    s3 = 3'b011,
    s4 = 3'b100;
    reg [2:0] current_state,next_state;
    always @(posedge clk or posedge reset)        //同步时序下，描述状态的转移
      begin
        if(reset)  current_state <= s0;
          else   current_state <= next_state;
      end
    always @(*)                                   //判断状态转移条件，描述状态转移规律
      begin
        case(current_state)
          s0:
            if(din == 1'b1) next_state = s1;
             else next_state = s0;
          s1:
            if(din == 1'b1) next_state = s2;
               else next_state = s0;
          s2:
            if(din == 1'b0) next_state = s3;
```

```
            else next_state = s2;
        s3:
            if(din == 1'b1) next_state = s4;
             else next_state = s0;
        s4:
            if(din == 1'b1) next_state = s1;
             else next_state = s0;
        default: next_state = s0;
        endcase
    end
 always @(*)//描述状态的输出
    begin
      if(current_state == s4) dout = 1;
        else dout = 0;
    end
endmodule
```

2.13.5　仿真测试

（1）新建工程。启动 ModelSim 6.5，选择 File→New→Project 命令，创建工程，输入工程名为 FSM。

（2）创建文件。在添加项目窗口中单击 Create New File 图标，创建文件，依次添加 FSMseqdet.v、FSMseqdet_tf.v 两个文件。双击 FSMseqdet.v 文件，输入状态机的源码，然后双击 FSMseqdet_tf.v 文件，输入序列检测器状态机的测试代码，其测试代码如下：

```
`timescale 1ns/1ns
module FSMseqdet_tf;
  reg clk,reset;
  reg din;
  wire dout;
  reg [20:0] din_mid;
  integer i;
  always #5 clk=~clk;
  initial
     begin
         reset = 1'b1;clk = 1'b0;
```

```
            din_mid = 21'b1_1011_1010_1101_0010_1101;
        #20 reset = 1'b0; din = 1'b0;
        for(i = 0;i < 21;i = i + 1)
            begin
                #10 din = din_mid[i];
            end
        #5000 $stop;
    end
    FSMseqdet u1(.clk(clk),.reset(reset),.din(din),.dout(dout));
endmodule
```

（3）编译工程。先保存两个文件，然后选择 Compile→Compile All 命令，编译所有程序。如果代码没有语法错误，在 Transcript 窗口中将显示"2 compiles,0 failed with no errors."。

（4）进行仿真。单击仿真按钮，打开仿真选择对话框。在 Design 标签下选择 work 下的 FSMseqdet _tf.v 测试文件，取消勾选 Optimazation 项下的 Enable Optimazation 复选框，单击 OK 按钮，启动仿真。

（5）生成波形。在 sim 窗口中，右击测试文件，选择 Add→To Wave→All items in design 命令，即可将测试文件的输入项添加到波形文件的 Messages（信息栏）项中，单击运行仿真按钮，即可查看波形图。序列检测器的状态机波形图如图 2-49 所示。

图 2-49　序列检测器的状态机波形图

项目 3　基于 FPGA 的单元电路设计调试

任务 3.1　流水灯设计

3.1.1　流水灯简介

1. 开发板简介

目前市场上 FPGA 芯片主要来自 Xilinx 公司和 Altera（已被 Intel 收购）公司，这两家公司占据了 FPGA 80%左右的市场份额，其他的 FPGA 厂家的产品主要针对某些特定的应用，比如，Actel 公司主要生产反熔丝结构的 FPGA，以满足应用条件极为苛刻的航空、航天领域产品。

Cyclone 系列是 Altera 中等规模的 FPGA，适合中低端应用，容量中等，可满足一般的逻辑设计。目前主流的 FPGA 芯片包括：Cyclone（飓风）、Cyclone II、Cyclone III、Cyclone IV、Cyclone V。

这里选用的 FPGA 开发板的主控芯片为 Altera 公司的 Cyclone IV 系列 EP4CE6F17C8。Cyclone IV 系列有两种不同的型号：逻辑"E"型和集成高速收发器的"GX"型。结合学生入门学习的需求，对芯片性能要求不高，故选用 E 系列芯片。FPGA 开发板的电路布局如图 3-1 所示。

项目 2 阐述了如何描述数字电路的常用电路，以及运用仿真工具 ModelSim 进行电路验证。本项目将介绍如何借助 FPGA 开发板，利用综合工具 Quartus II 把编译的 Verilog HDL 程序烧录到 FPGA 中，实现对硬件（如 LED 灯、数码管、按键等）的控制。通过这个过程的学习，掌握引脚分配、下载调试、程序固化等操作。

图 3-1   FPGA 开发板的电路布局图

2. 流水灯简介

流水灯是我们学习嵌入式技术接触的第一个实验，无论是单片机，还是嵌入式系统，常会从它开始。学过单片机的同学都知道，用单片机的并行 I/O 口（P0～P3），输出高电平或低电平，可以控制 8 个发光二极管依次循环点亮，流水灯的工作原理如图 3-2 所示，8 个 I/O 口任意时刻只输出一个高电平，点亮一个发光二极管，其余 7 个发光二极管不亮，8 个 I/O 口循环输出高电平，实现流水灯效果。利用 FPGA 来实现流水灯，没有端口限制，只要是用户 I/O 口，都可以使用。

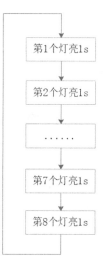

（a）单个流水灯效果图   （b）单个流水灯流程图

图 3-2   流水灯的工作原理图

3.1.2 流水灯设计思路

1. 基本模块构建

根据流水灯的工作原理图可以看到，它和 3 线-8 线译码器比较相似。为了实现从 000 到 111 的变化，可以选用 3 位二进制计数器。将该计数器和 3 线-8 线译码器组合起来，即可构成一个 8 位循环移位流水灯，其设计框图如图 3-3 所示。

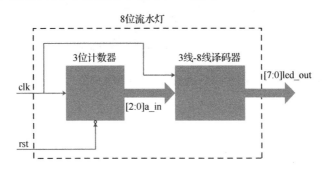

图 3-3 计数器与译码器组合的流水灯设计框图

2. 基于时钟的设计

除了由计数器与译码器组合设计的循环流水灯，还有 FPGA 时钟分频设计的流水灯。流水灯可以使用 FPGA 开发板的晶振时钟，需要将开发板的时钟信号，比如 50MHz 的信号，分频为 1Hz 的信号，再采用移位或者拼接的算法，即可实现流水灯。

将 50MHz 分频为 1Hz，需要计数 $50×10^6$ 次，如何计算变量的位宽呢？$50×10^6 ≈$ $1024×1024×50$，即 $2^{10}×2^{10}×（32～64）$ 之间，从而得到计数变量的位宽：[25:0] counter。

3.1.3 设计源代码

```
module led_water(led, clk50M, rst);        //模块名及端口参数
    input clk50M;                          //输入端口定义，50MHz 时钟信号，贴合开发板晶振
    input rst;
    output[5:0] led;                       //6 位 LED 灯输出
    reg[5:0] led;                          //变量 led 定义为寄存器型
    reg[25:0] counter;                     /*变量 counter 定义为寄存器型*/
    always @(posedge clk50M or negedge rst)
        begin
            if(rst = = 0)
```

```
        counter <= 0;                    //复位清零
    else  if(counter = = 26'd49_999_999) //延时 1s
        counter <= 0;                    //计数到 1s，清零
    else
        counter <= counter+1;            //未计数到 1s，则加 1
  end
always@(posedge clk50M or negedge rst)
  begin
  if(rst = = 0)
      led <=8'b0000_0001;                //同步复位，赋初值
    else if(counter = = 49_999_999)      //同步计数到 1s
      led <= {led[4:0],led[5]};          //循环移位写法
    end
endmodule
```

3.1.4　RTL 模型

在完成源程序的编辑和仿真调试之后，需要根据设计模块的输入、输出端口指定 FPGA 的具体引脚号，可以查找 RTL 模型了解引脚情况，以便与开发板实物对接。通过引脚分配才能实现源代码与硬件的连接，因此引脚分配很重要，如果分配不当，就无法实现设计效果。

FPGA 的引脚一般分为两大类：专用引脚（占比为 20%～30%）和用户自定义引脚（占比为 70%～80%）；根据功能分为时钟引脚、配置引脚、普通 I/O 引脚、电源引脚四种。开发板的芯片 EP4CE6F17C8 的引脚资源，如图 3-4 所示。

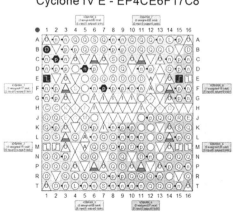

图 3-4　EP4CE6F17C8 的引脚资源

不同颜色代表不同 Bank，三角形代表电源引脚（正三角形代表 VCC 引脚，倒三角形代表 GND 引脚，三角形中为 O 则代表 I/O 电源引脚，为 I 则代表内核电源引脚），圆形标记的引脚为普通 I/O 引脚，可以随意使用，正方形且内部有时钟信号的为全局时钟引脚，五边形引脚为配置引脚。

本例中的 6 位流水灯的 RTL 模型与网络表如图 3-5 所示，由图可知输入引脚有 rst（复位引脚）、clk50M（时钟引脚），输出引脚为 6 位发光二极管引脚 led[5..0]。以此指定流水灯的引脚，如图 3-6 所示。网络表是指用基础的逻辑门来描述数字电路连接情况的描述方式。

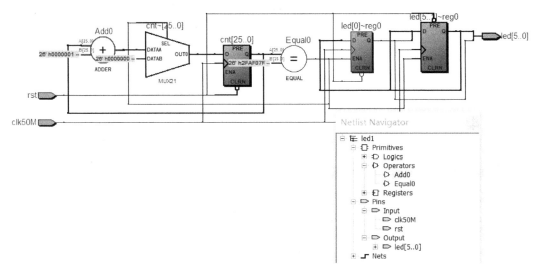

图 3-5　6 位流水灯的 RTL 模型与网络表

Node Name	Direction	Location	I/O Bank	VREF Group	I/O Standard	Reserved	Current Strength	Slew Rate
clk50M	Input	PIN_E15	6	B6_N0	3.3-V L...efault)		8mA (default)	2 (default)
led[5]	Output	PIN_A4	8	B8_N0	3.3-V L...efault)		8mA (default)	2 (default)
led[4]	Output	PIN_B3	8	B8_N0	3.3-V L...efault)		8mA (default)	2 (default)
led[3]	Output	PIN_A3	8	B8_N0	3.3-V L...efault)		8mA (default)	2 (default)
led[2]	Output	PIN_C3	8	B8_N0	3.3-V L...efault)		8mA (default)	2 (default)
led[1]	Output	PIN_C2	1	B1_N0	3.3-V L...efault)		8mA (default)	2 (default)
led[0]	Output	PIN_A2	8	B8_N0	3.3-V L...efault)		8mA (default)	2 (default)
rst	Input	PIN_M15	5	B5_N0	3.3-V L...efault)		8mA (default)	
<<new node>>								

图 3-6　流水灯引脚分配示意图

Quartus II 分配引脚除了采用上述的方法，还可以利用 Tcl 脚本文件自动分配。利用 Tcl 文件配置 FPGA 引脚十分方便，不仅可以配置引脚，还可以修改器件，配置未使用引脚为三态、时序约束等，因此很多开发板都用这种方法对 FPGA 的引脚进行配置。以下是开发板的 Tcl 文件中部分引脚的配置。

```
#-------------------GLOBAL-------------------#
set_global_assignment -name RESERVE_ALL_UNUSED_PINS "AS INPUT TRI-STATED"
set_global_assignment -name ENABLE_INIT_DONE_OUTPUT OFF
#复位引脚
set_location_assignment    PIN_M15 -to RESET
#时钟引脚
set_location_assignment    PIN_E15 -to CLOCK
#EPCS 引脚
set_location_assignment    PIN_H2  -to DATA0
set_location_assignment    PIN_H1  -to DCLK
set_location_assignment    PIN_D2  -to SCE
set_location_assignment    PIN_C1  -to SDO
```

"#"后为注释。比如"set_location_assignment PIN_E1 -to CLOCK"中的"PIN_E15"引脚号被指定为全局时钟信号（50MHz），即将"CLOCK"时钟端口与"PIN_E15"引脚捆绑在一起。

3.1.5　项目调试

1. 创建工程，编辑调试代码

（1）创建一个不含中文的目录"…\LED"，用于存放整个工程项目。

（2）启动 Quartus II 开发环境，执行 File→New Project Wizard 命令，创建工程，根据向导提示指定工程目录、工程名、顶层模块名，如图 3-7 所示，要求工程名与顶层模块名一致。然后，指定开发板上对应的 FPGA 芯片，比如上述设计的开发板"EP4CE6F17C8"。最后，单击 Finish 按钮，完成工程创建。

（3）执行 File→New 命令，向工程中添加 Verilog HDL 文件，如图 3-8 所示。在文本编辑区编写"流水灯"源代码，并保存到工程文件夹根目录下。本例中只有一个文件，所以文件名与顶层模块名一样，即"led_water.v"。

（4）执行 Processing→Start Compilation 命令或单击 ✔ 图标，编译文件。编译过程中，可以检测源代码的错误，根据错误提示修改程序，直至编译成功。

2. 引脚分配

（1）执行 Assignments→Pin Planner 命令，或者单击 ▨ 图标，对引脚进行分配，参见

图 3-6。本例中由于开发板只有 6 个 LED，所以指定了 6 个引脚：led[0]~led[5]。

图 3-7　在 Quartus II 开发环境中创建工程

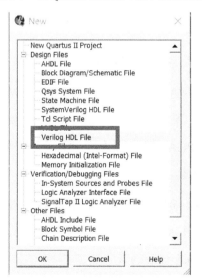

图 3-8　向工程中添加 Verilog HDL 文件

（2）执行 Processing→Start→Start Analysis & Synthesis 命令，或者单击 ▸ 图标，进行分析和综合，将设计映射到具体器件的基本模块上。

3. 芯片配置

（1）执行 Assignments→Devices 命令，在弹出的 Device 配置对话框中，单击 Device and Pin Options 按钮。

（2）在图 3-9 所示的目标芯片属性对话框中，选择左侧的 Configuration 选项，勾选右侧的 Use configuration device 复选框，并在下拉列表中选择配置芯片 EPCS64。此外，还可根据开发板的情况修改 Unused Pins（未使用引脚）、Dual-Purpose Pins（双用引脚）、Voltage（I/O 电压、内核电压）等参数。

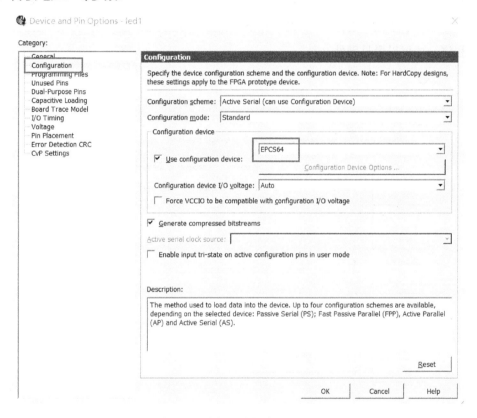

图 3-9　选择配置芯片 EPCS64

4. 编译

再次执行 Processing→Start Compilation 命令或单击 ▶ 图标，编译文件。编译过程中如果报错，可根据错误提示重新检查引脚分配或芯片设置，直至编译成功。

5. 下载调试

下载有两种方式：一种是下载到 SDRAM 里，掉电则程序丢失，文件格式为"*.sof"；

另一种是下载到 Flash 中，掉电后程序不丢失，文件格式为"*.pof"。一般选择第一种下载方式。

1）硬件连接

将 Altera 的 USB-Blaster 下载器，一端接计算机的 USB 接口，另一端接开发板的"JTAG" 10 针接口，检查无误后上电。

2）选择下载硬件

执行 Tool→Programmer 命令或者单击 ⚘ 图标，弹出图 3-10 所示的 Programmer 窗口，单击 Hardware Setup 按钮，选择 USB-Blaster 下载器。一般需要通过 Windows 系统提前安装硬件驱动程序，才可以看见硬件。

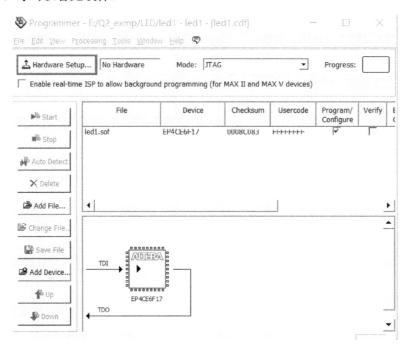

图 3-10　Programmer 窗口

3）下载

选择下载器后，在 Programmer 窗口中将显示"USB-Blaster[USB-0]"，表明下载器已添加。在 Mode 下拉列表中选择 JTAG 下载模式。然后单击左侧的 Add File 按钮，选择.sof 文件，勾选 Program/Configure 列中复选框，如图 3-11 所示。如果需要固化程序，选择.pof 文件。最后，单击 Start 按钮，开始下载调试。当下载进度条到 100%时，即可在开发板上看到流水灯循环移位效果，如图 3-12 所示。

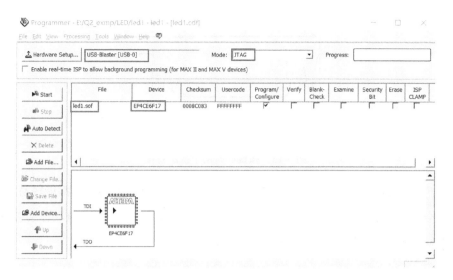

图 3-11 选择 JTAG 模式在线下载调试

图 3-12 6 位流水灯循环移位效果图

任务 3.2 按键识别

3.2.1 按键抖动原理

按键开关是各种电子设备不可或缺的人机接口。在实际应用中，很大一部分的按键是机械按键。由于机械触点的弹性振动，按键在按下时不会马上稳定地接通而在弹起时也不能立即完全断开，因而在按键闭合和断开的瞬间均会出现一连串的抖动，这称为按键的抖动干扰，其产生的波形如图 3-13 所示。当按键按下时会产生前沿抖动，当按键弹起时会产生后沿抖动。

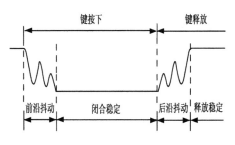

图 3-13　按键的抖动干扰示意图

因为 FPGA 的工作频率较高，按键接通或断开时任何一点小的抖动都能轻易地捕捉到，如果不加区分地将每一次闭合或断开都当作一次按键事件，势必一次按键动作会被 FPGA 识别为很多次按键操作，从而导致系统的工作稳定性下降。

3.2.2　去抖动设计思路

按键去抖动的关键在于提取稳定的低电平状态，滤除前沿抖动和后沿抖动的毛刺。对于一个按键信号，可以用一个脉冲进行采样。如果连续三次采样都为低电平，可认为信号已经处于键稳定状态，这时输出一个低电平按键信号。继续采样过程中如果不能满足连续三次采样均为低电平，则认为键稳定状态结束，这时输出一个高电平按键信号。

3.2.3　设计源代码

```
module key(clk50M,rst,key,led);
  input clk50M,rst;
  input key;
  output led;
  reg [15:0]counter;                    //分频到1kHz，计数到50000
  reg led;
  always@(posedge clk50M or negedge rst)
   begin
     if(!rst)
          counter <= 0;
      else if(counter == 16'd49_999)    //消除抖动采样周期为毫秒级
          counter <= 0;
      else  counter <= counter+1;
   end
  reg dout1,dout2,dout3;                 //三次采样信号
  always@(posedge clk50M or negedge rst)
```

```
    begin
      if(!rst)
        begin
          dout1<=0;
          dout2<=0;
          dout3<=0;
        end
      else if(counter == 16'd49_999)        //连续三次采样
        begin
          dout1<=key;
          dout2<=dout1;
          dout3<=dout2;
        end
      end
    assign key_out=(dout1|dout2|dout3);        //按键消除抖动输出
    always@(posedge key_out or negedge rst)
      begin
        if(!rst) led<=0;
          else    led<=!led;
      end
  endmodule
```

3.2.4   RTL 模型

按键识别电路的 RTL 模型和网络表如图 3-14 所示。网络表一般包括三个部分：原语（Primitives）、引脚（Pins）、网线（Nets）。原语就是基本器件，包括逻辑单元、运算单元和寄存器等，比如图 3-14 所示电路的选择器。引脚指 I/O 口，网线指内部器件之间的连线。

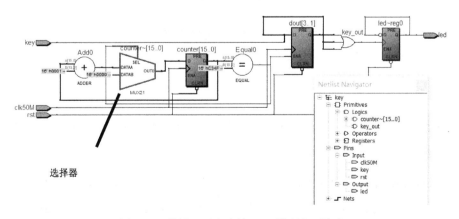

图 3-14   按键识别电路的 RTL 模型和网络表

3.2.5　项目调试

1．创建工程，编辑调试代码

（1）创建一个不含中文的目录"…\key"，用于存放整个工程项目。

（2）启动 Quartus II 开发环境，执行 File→New Project Wizard 命令，创建工程，根据向导提示指定工程目录为"…\key"，工程名为"key"，顶层模块名为"key"。然后，指定开发板上对应的 FPGA 芯片，比如前面设计的开发板"EP4CE6F17C8"。最后，单击 Finish 按钮，完成工程创建。

（3）执行 File→New 命令，向工程中添加 Verilog HDL 文件。在文本编辑区编写"按键识别"源代码，并保存到工程文件夹根目录下。本例中只有一个文件，所以文件名与顶层模块名一样，即"key.v"。

（4）执行 Processing→Start Compilation 命令或单击 ♥ 图标，编译文件。编译过程中，可以检测源代码的错误，根据错误提示修改程序，直至编译成功。

2．引脚分配

（1）执行 Assignments→Pin Planner 命令，或者单击 ▦ 图标，对引脚进行分配，如图 3-15 所示。本例中选择开发板中的一个独立按键，结合源代码需要指定 4 个引脚：clk50M（输入时钟信号）、key（独立按键）、led（显示发光二极管）、rst（复位信号）。

Node Name	Direction	Location	I/O Bank	VREF Group	I/O Standard	Reserved	Current Strength	Slew Rate
▣ clk50M	Input	PIN_E15	6	B6_N0	3.3-V L…efault)		2mA (default)	
▣ key　按键	Input	PIN_A6	8	B8_N0	3.3-V L…efault)		2mA (default)	
▣ led	Output	PIN_A2	8	B8_N0	3.3-V L…efault)		2mA (default)	2 (default)
▣ rst	Input	PIN_M15	5	B5_N0	3.3-V L…efault)		2mA (default)	
<<new node>>								

图 3-15　按键识别电路的引脚分配图

（2）执行 Processing→Start→Start Analysis & Synthesis 命令，或者单击 ▸ 图标，进行分析和综合，将设计映射到具体器件的基本模块上。

3．芯片配置

（1）执行 Assignments→Devices 命令，在弹出的 Device 配置对话框中，单击 Device and Pin Options 按钮。

（2）在目标芯片属性对话框中，选择左侧的 Configuration 选项，勾选右侧的 Use configuration device 复选框，并在下拉列表中选择配置芯片 EPCS64。此外，还可根据开发板的情况修改 Unused Pins（未使用引脚）、Dual-Purpose Pins（双用引脚）、Voltage（I/O 电压、内核电压）等参数。

4. 编译

再次执行 Processing→Start Compilation 命令或单击 ▶ 图标，编译文件。编译过程中如果报错，可根据错误提示重新检查引脚分配或芯片设置，直至编译成功。

5. 下载调试

1）硬件连接

将 Altera 的 USB-Blaster 下载器，一端接计算机的 USB 接口，另一端接开发板的"JTAG" 10 针接口，检查无误后上电。

2）选择下载硬件

执行 Tool→Programmer 命令或者单击 ◈ 图标，弹出 Programmer 窗口，单击 Hardware Setup 按钮，选择 USB-Blaster 下载器。一般需要通过 Windows 系统提前安装硬件驱动程序，才可以看见硬件。

3）下载

选择下载器后，在 Programmer 窗口中将显示"USB-Blaster[USB-0]"，表明下载器已添加。在 Mode 下拉列表中选择 JTAG 下载模式。然后单击左侧的 Add File 按钮，选择 key.sof 文件，勾选 Program/Configure 列中复选框。最后，单击 Start 按钮，开始下载调试。当下载进度条到 100% 时，即可在开发板上看到按键识别电路的演示效果，如图 3-16 所示。按下一次按键，熄灭，再按下一次按键，点亮。如此，反复循环。

图 3-16　按键识别电路演示效果图

任务 3.3 数码管静态显示

3.3.1 数码管显示原理

LED 数码管（简称数码管）实际上是由 7 个发光二极管（组成 8 字形）构成的，加上显示小数点的发光二极管就是 8 个发光二极管，故又称八段显示器。通过控制 8 个发光二极管的不同亮灭组合，就可以显示数字 0～9、字符 A～F 等。根据连接方式的不同，可以将数码管分为共阴极和共阳极两种。在共阴极结构中，所有发光二极管的阴极接在一起形成公共端 COM，使用时 COM 端接低电平；在共阳极结构中，所有发光二极管的阳极接在一起形成公共端 COM，使用时 COM 端接高电平。

为了显示某个字形，应使此字形的相应段发光二极管点亮，也即送一个不同的电平组合代表的数据来控制数码管的显示字形，此数据称为字符的段码。八段数码管的段码为 8 位，用一字节即可表示。在段码字节中，段码位与各段发光二极管的对应关系如表 3-1 所示。

表 3-1 段码位与各段发光二极管的对应关系

段码位	D7	D6	D5	D4	D3	D2	D1	D0
显示段发光二极管	dp	g	f	e	d	c	b	a

数码管的八段，对应一字节的 8 位，a 对应最低位，dp 对应最高位。所以如果想让数码管显示数字 0，那么共阴极数码管的字符编码为 0011_1111，即 0x3F；共阳极数码管的字符编码为 1100_0000，即 0xC0。可以看出两个编码的各位正好相反。以此类推，可得数码管的字形编码（段码），如表 3-2 所示。

表 3-2 十六进制字形编码（段码）表

显示字符	共阴段码	共阳段码	显示字符	共阴段码	共阳段码
0	3FH	C0H	A	77H	88H
1	06H	F9H	b	7CH	83H
2	5BH	A4H	C	39H	C6H
3	4FH	B0H	d	5EH	A1H
4	66H	99H	E	79H	86H
5	6DH	92H	F	71H	8EH
6	7DH	82H	P	73H	8CH
7	07H	F8H	—	40H	BFH
8	7FH	80H	全灭	00H	FFH
9	6FH	90H	·	80H	7FH

3.3.2 数码管静态显示 0 ~ 9 设计思路

由于开发板是 6 个联排的数码管，其显示效果应是 000_000、111_111、222_222 到 999_999，再返回 000_000，需要将数码管的公共端全部置高电平或置低电平。此外，当数码管计数发生变化时，应该有一个延时，比如 0.5s，需要将外接晶振 50MHz 分频为 2MHz。发生变化的数字 0~9，通过译码器将其译成相应的段码，控制数码管显示数字。

3.3.3 设计源代码

```
module seg7(clk50M,rst,sel_wm,dig_dm);
  input clk50M;                              // 外接晶振 50MHz
  input rst;                                 // 复位信号
  output [5:0] sel_wm;                       // 数码管位选信号
  output [6:0] dig_dm;                       //七段数码管（不包括小数点）
  parameter m05s= 25'd24_999_999;            //定义 0.5s
  reg[24:0] cnt;                             //计数器
  always @ (posedge clk50M or negedge rst)
    if(!rst) cnt <= 0;
      else if (cnt == m05s) cnt <= 0;        //计数到 0.5s，清零
        else cnt <= cnt+1;
  reg[3:0] num; //显示数值计数 0~9
  always @ (posedge clk50M or negedge rst)
    if(!rst) num <= 0;
      else if((cnt == m05s)&&(num==9))       //计数到 0.5s 且显示到"9"，则返回到"0"
          num <= 0;
        else if(cnt == m1s)                  //计数到 1s 但未显示到"9"，数值加 1
          num <= num+1;
          else ;
  reg[6:0] dm;                               //七段数码管（不包括小数点）
  always @ (num)
    case (num)                               //将数值进行译码，显示在六个数码管上
    4'h0: dm <= 7'h3f;
    4'h1: dm <= 7'h06;
    4'h2: dm <= 7'h5b;
    4'h3: dm <= 7'h4f;
    4'h4: dm <= 7'h66;
```

```
    4'h5: dm <= 7'h6d;

    4'h6: dm <= 7'h7d;

    4'h7: dm <= 7'h07;

    4'h8: dm <= 7'h7f;

    4'h9: dm <= 7'h6f;

    default: dm <= 7'hzz;;

  endcase
  assign dig_dm = ~dm;                      //向数码管发送段码

  assign sel_wm = 6'b000_000;               //将六个数码管点亮
endmodule
```

3.3.4 RTL 模型

数码管静态显示电路的 RTL 模型与网络表如图 3-17 所示。原语中的基本器件除逻辑单元、运算单元和寄存器外，还有缓冲器（Buffers）。

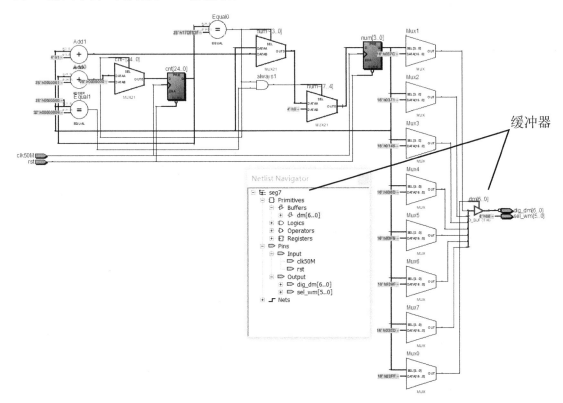

图 3-17 数码管静态显示电路的 RTL 模型与网络表

3.3.5　项目调试

1. 创建工程，编辑调试代码

（1）创建一个不含中文的目录"…\seg"，用于存放整个工程项目。

（2）启动 Quartus II 开发环境，执行 File→New Project Wizard 命令，创建工程，根据向导提示指定工程目录为"…\ seg7"，工程名为"seg7"，顶层模块名为"seg7"。然后，指定开发板上对应的 FPGA 芯片，比如前面设计的开发板"EP4CE6F17C8"。最后，单击 Finish 按钮，完成工程创建。

（3）执行 File→New 命令，向工程中添加 Verilog HDL 文件。在文本编辑区编写"数码管静态显示"源代码，并保存到工程文件夹根目录下。本例中只有一个文件，所以文件名与顶层模块名一样，即"seg7.v"。

（4）执行 Processing→Start Compilation 命令或单击 图标，编译文件。编译过程中，可以检测源代码的错误，根据错误提示修改程序，直至编译成功。

2. 引脚分配

（1）执行 Assignments→Pin Planner 命令，或者单击 图标，对引脚进行分配，如图 3-18 所示。本例中开发板数码管是一个六联排数码管，选择数码管的位置引脚 sel_wm[0]～sel_wm[5]，七段的段选引脚 dig_dm[0]～dig_dm[6]。

Node Name	Direction	Location	I/O Bank	VREF Group	I/O Standard	Reserved	Current Strength	Slew Rate
clk50M	Input	PIN_E15	6	B6_N0	3.3-V L…efault)		2mA (default)	
dig_dm[6]	Output	PIN_K2	2	B2_N0	3.3-V L…efault)		2mA (default)	2 (default)
dig_dm[5]	Output	PIN_N2	2	B2_N0	3.3-V L…efault)		2mA (default)	2 (default)
dig_dm[4]	Output	PIN_T3	3	B3_N0	3.3-V L…efault)		2mA (default)	2 (default)
dig_dm[3]	Output	PIN_R3	3	B3_N0	3.3-V L…efault)		2mA (default)	2 (default)
dig_dm[2]	Output	PIN_P3	3	B3_N0	3.3-V L…efault)		2mA (default)	2 (default)
dig_dm[1]	Output	PIN_L1	2	B2_N0	3.3-V L…efault)		2mA (default)	2 (default)
dig_dm[0]	Output	PIN_L2	2	B2_N0	3.3-V L…efault)		2mA (default)	2 (default)
rst	Input	PIN_M15	5	B5_N0	3.3-V L…efault)		2mA (default)	
sel_wm[5]	Output	PIN_J1	2	B2_N0	3.3-V L…efault)		2mA (default)	2 (default)
sel_wm[4]	Output	PIN_J2	2	B2_N0	3.3-V L…efault)		2mA (default)	2 (default)
sel_wm[3]	Output	PIN_K1	2	B2_N0	3.3-V L…efault)		2mA (default)	2 (default)
sel_wm[2]	Output	PIN_R4	3	B3_N0	3.3-V L…efault)		2mA (default)	2 (default)
sel_wm[1]	Output	PIN_T4	3	B3_N0	3.3-V L…efault)		2mA (default)	2 (default)
sel_wm[0]	Output	PIN_T5	3	B3_N0	3.3-V L…efault)		2mA (default)	2 (default)
<<new node>>								

图 3-18　数码管静态显示电路引脚分配图

（2）执行 Processing→Start→Start Analysis & Synthesis 命令，或者单击 图标，进行分析和综合，将设计映射到具体器件的基本模块上。

3. 芯片配置

（1）执行 Assignments→Devices 命令，在弹出的 Device 配置对话框中，单击 Device and

Pin Options 按钮。

（2）在目标芯片属性对话框中，选择左侧的 Configuration 选项，勾选右侧的 Use configuration device 复选框，并在下拉列表中选择配置芯片 EPCS64。此外，还可根据开发板的情况修改 Unused Pins（未使用引脚）、Dual-Purpose Pins（双用引脚）、Voltage（I/O 电压、内核电压）等参数。

4. 编译

再次执行 Processing→Start Compilation 命令或单击 ▶ 图标，编译文件。编译过程中如果报错，可根据错误提示重新检查引脚分配或芯片设置，直至编译成功。

5. 下载调试

1）硬件连接

将 Altera 的 USB-Blaster 下载器，一端接计算机的 USB 接口，另一端接开发板的"JTAG" 10 针接口，检查无误后上电。

2）选择下载硬件

执行 Tool→Programmer 命令或者单击 图标，弹出 Programmer 窗口，单击 Hardware Setup 按钮，选择 USB-Blaster 下载器。一般需要通过 Windows 系统提前安装硬件驱动程序，才可以看见硬件。

3）下载

选择下载器后，在 Programmer 窗口中将显示 "USB-Blaster[USB-0]"，表明下载器已添加。在 Mode 下拉列表中选择"JTAG"下载模式。然后单击左侧的 Add File 按钮，选择 seg7.sof 文件，勾选 Program/Configure 列中复选框。最后，单击 Start 按钮，开始下载调试。当下载进度条到 100%时，即可在开发板上看到六联排数码管静态显示效果，如图 3-19 所示。6 个数码管同时显示 000000，依次变化到 999999，再返回循环。

图 3-19　数码管静态显示 "0" "1" "8" "9" 效果图

图 3-19　数码管静态显示"0""1""8""9"效果图（续）

任务 3.4　数码管动态显示

3.4.1　数码管动态显示原理

数码管动态显示的特点是将所有数码管的段选线并联在一起，由位选线控制哪一位数码管有效。点亮数码管采用动态扫描显示方式。所谓动态扫描显示，是指轮流向各位数码管送出段码和相应的位码，利用发光二极管的余辉和人眼视觉暂留作用，使人感觉好像各位数码管同时都在显示。图 3-20 所示是开发板的六联排数码管的硬件电路。

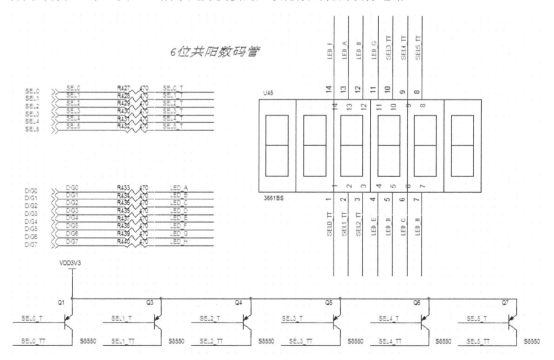

图 3-20　六联排数码管的硬件电路

3.4.2 动态显示设计思路

从开发板的六联排数码管的硬件连接，可知数码管有 6 个片选端：SEL0_T 到 SEL5_T，低电平有效。按照动态扫描原理，需要轮流选中每个数码管，并给出相应的段码。为了避免人眼看到选择的变化，扫描时间应比较短，一般为毫秒级（ms）。将外接晶振分频到 1kHz，给出需要显示的字符，利用译码器译成相应的段码，即可显示结果。设计的关键在于同步。

3.4.3 设计源代码

```verilog
module dispy6(clk50M,rst,dig_dm,seg_wm);
    input clk50M;
    input rst;
    output [7:0] dig_dm;
    output [5:0] seg_wm;

    parameter Scan_10ms=15'd24_999;              //定义扫描时间
    reg [14:0] cnt;
    reg clk1k;
    always@(posedge clk50M or negedge rst)      //分频到 1kHz
        if(!rst)
            begin
                clk1k<=0;
                cnt<=0;
            end
        else if(cnt==Scan_10ms)
            begin
                clk1k<=~clk1k;
                cnt<=0;
            end
          else cnt<=cnt+1;

    reg [2:0] num;
    always@(posedge clk50M or negedge rst)      //同步扫描数码管个数
        if(!rst)
                num<=0;
          else if((cnt==Scan_10ms)&&(num==3'd5))
```

```
                num<=0;
            else if(cnt==Scan_10ms)
                num<=num+1;
            else;
reg [5:0] sel_wm;
always@(posedge clk50M or negedge rst)          //同步扫描数码管位置，即位选
    if(!rst)
            sel_wm<=6'b111_110;
        else if(cnt==Scan_10ms)
            sel_wm<={sel_wm[4:0],sel_wm[5]};
        else;
reg [3:0] data;                                 //数据缓冲器
always@(posedge clk1k or negedge rst)           //指定数码管相应位置显示的数字
    begin
        case(num)
            0:data=4'd1;
            1:data=4'd2;
            2:data=4'd3;
            3:data=4'd4;
            4:data=4'd5;
            5:data=4'd6;
            default:data=4'dz;
        endcase
    end
reg [7:0] seg_dm;
always@(data)                                   //将显示数字译成段码
    begin
        case(data)
            0:seg_dm=8'h3f;
            1:seg_dm=8'h06;
            2:seg_dm=8'h5b;
            3:seg_dm=8'h4f;
            4:seg_dm=8'h66;
            5:seg_dm=8'h6d;
            6:seg_dm=8'h7d;
            7:seg_dm=8'h07;
            8:seg_dm=8'h7f;
```

```
                9:seg_dm=8'h6f;

                default:data=8'hzz;

            endcase

        end

    assign dig_dm=~seg_dm;  //段码的缓冲输出

    assign seg_wm=sel_wm;   //位码的缓冲输出

endmodule
```

3.4.4　RTL 模型

数码管动态显示电路的 RTL 模型与网络表如图 3-21 所示。原语中的寄存器（Registers）由基本的触发器构成，如图 3-21 所示电路中的计数器（cnt）。

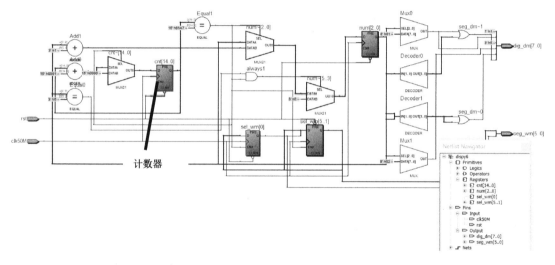

图 3-21　数码管动态显示电路的 RTL 模型与网络表

3.4.5　项目调试

1. 创建工程，编辑调试代码

（1）创建一个不含中文的目录"…\display"，用于存放整个工程项目。

（2）启动 Quartus II 开发环境，执行 File→New Project Wizard 命令，创建工程，根据向导提示指定工程目录为"…\dispy6"，工程名为"dispy6"，顶层模块名为"dispy6"。然后，指定开发板上对应的 FPGA 芯片，比如前面设计的开发板"EP4CE6F17C8"。最后，单击 Finish 按钮，完成工程创建。

（3）执行 File→New 命令，向工程中添加 Verilog HDL 文件。在文本编辑区编写"数码管动态显示"源代码，并保存到工程文件夹根目录下。本例中只有一个文件，所以文件名与顶层模块名一样，即"dispy6.v"。

（4）执行 Processing→Start Compilation 命令或单击 图标，编译文件。编译过程中，可以检测源代码的错误，根据错误提示修改程序，直至编译成功。

2．引脚分配

（1）执行 Assignments→Pin Planner 命令，或者单击 图标，对引脚进行分配，如图 3-22 所示。本例中开发板数码管是一个六联排数码管，选择数码管的位置引脚 seg_wm[0]～sel_wm[5]，七段的段选引脚 dig_dm[0]～dig_dm[7]。

Node Name	Direction	Location	I/O Bank	VREF Group	I/O Standard	Reserved	Current Strength	Slew Rate
clk50M	Input	PIN_E15	6	B6_N0	3.3-V L...efault)		2mA (default)	
dig_dm[7]	Output	PIN_T2	3	B3_N0	3.3-V L...efault)		2mA (default)	2 (default)
dig_dm[6]	Output	PIN_K2	2	B2_N0	3.3-V L...efault)		2mA (default)	2 (default)
dig_dm[5]	Output	PIN_N2	2	B2_N0	3.3-V L...efault)		2mA (default)	2 (default)
dig_dm[4]	Output	PIN_T3	3	B3_N0	3.3-V L...efault)		2mA (default)	2 (default)
dig_dm[3]	Output	PIN_R3	3	B3_N0	3.3-V L...efault)		2mA (default)	2 (default)
dig_dm[2]	Output	PIN_P3	3	B3_N0	3.3-V L...efault)		2mA (default)	2 (default)
dig_dm[1]	Output	PIN_L1	2	B2_N0	3.3-V L...efault)		2mA (default)	2 (default)
dig_dm[0]	Output	PIN_L2	2	B2_N0	3.3-V L...efault)		2mA (default)	2 (default)
rst	Input	PIN_M15	5	B5_N0	3.3-V L...efault)		2mA (default)	
seq_wm[5]	Output	PIN_J1	2	B2_N0	3.3-V L...efault)		2mA (default)	2 (default)
seq_wm[4]	Output	PIN_J2	2	B2_N0	3.3-V L...efault)		2mA (default)	2 (default)
seq_wm[3]	Output	PIN_K1	2	B2_N0	3.3-V L...efault)		2mA (default)	2 (default)
seq_wm[2]	Output	PIN_R4	3	B3_N0	3.3-V L...efault)		2mA (default)	2 (default)
seq_wm[1]	Output	PIN_T4	3	B3_N0	3.3-V L...efault)		2mA (default)	2 (default)
seq_wm[0]	Output	PIN_T5	3	B3_N0	3.3-V L...efault)		2mA (default)	2 (default)
<<new node>>								

图 3-22　数码管动态显示电路引脚分配图

（2）执行 Processing→Start→Start Analysis & Synthesis 命令，或者单击 图标，进行分析和综合，将设计映射到具体器件的基本模块上。

3．芯片配置

（1）执行 Assignments→Devices 命令，在弹出的 Device 配置对话框中，单击 Device and Pin Options 按钮。

（2）在目标芯片属性对话框中，选择左侧的 Configuration 选项，勾选右侧的 Use configuration device 复选框，并在下拉列表中选择配置芯片 EPCS64。此外，还可根据开发板的情况修改 Unused Pins（未使用引脚）、Dual-Purpose Pins（双用引脚）、Voltage（I/O 电压、内核电压）等参数。

4．编译

再次执行 Processing→Start Compilation 命令或单击 图标，编译文件。编译过程中如果报错，可根据错误提示重新检查引脚分配或芯片设置，直至编译成功。

5. 下载调试

1）硬件连接

将 Altera 的 USB-Blaster 下载器，一端接计算机的 USB 接口，另一端接开发板的"JTAG"
10 针接口，检查无误后上电。

2）选择下载硬件

执行 Tool→Programmer 命令或者单击 🐵 图标，弹出 Programmer 窗口，单击 Hardware
Setup 按钮，选择 USB-Blaster 下载器。一般需要通过 Windows 系统提前安装硬件驱动程序，
才可以看见硬件。

3）下载

选择下载器后，在 Programmer 窗口中将显示"USB-Blaster[USB-0]"，表明下载器已添
加。在 Mode 下拉列表中选择"JTAG"下载模式。然后单击左侧的 Add File 按钮，选择 dispy6.sof
文件，勾选 Program/Configure 列中复选框。最后，单击 Start 按钮，开始下载调试。当下载
进度条到 100%时，即可在开发板上看到数码管的动态显示效果，如图 3-23 所示，稳定地显
示"123456"，没有闪烁。

图 3-23　数码管动态显示"123456"效果图

任务 3.5　蜂鸣器控制设计

3.5.1　蜂鸣器原理

蜂鸣器是一种一体化结构的电子讯响器，采用直流电压供电，广泛应用于电子产品中，
作发声器件。它能在不同频率脉冲下产生不同的音调。蜂鸣器由振动装置和谐振装置组成。
蜂鸣器分为无源它激型与有源自激型。有源蜂鸣器内部带振荡源，所以只要一通电就会发出

声音；而无源蜂鸣器内部不带振荡源，所以如果使用直流信号，无法令其发出声音。必须用一定频率的方波去驱动它。蜂鸣器的硬件电路如图 3-24 所示。

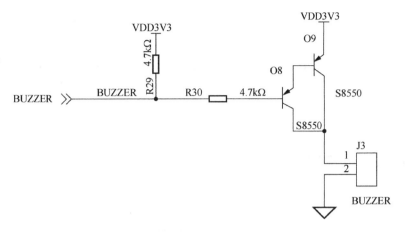

图 3-24　蜂鸣器的硬件电路

根据电路设计图可知，蜂鸣器受到两个 PNP 三极管控制，当接低电平时，三极管导通，蜂鸣器发出响声；当接高电平时，三极管截止，蜂鸣器不发出响声。

3.5.2　蜂鸣器发声设计思路

由蜂鸣器的发声原理可知，对于无源蜂鸣器，需要给它提供一定频率的方波，蜂鸣器才可发出响声。外接晶振为 50MHz，周期为 20ns，这里设计将其分频 2^{14} 次，得到周期为 $20ns \times 2^{14} = 327680$（ns）的信号，即可听到"滴滴"的声音。蜂鸣器通过对计数器相应位的处理实现。

3.5.3　设计源代码

```
module beep(clk_50M,rst_n,buzzer);
    input  clk_50M;
    input  rst_n;                  //加 "_n"，表示低电平有效
    output buzzer;
    reg beep;
    assign buzzer=beep;            //缓冲输出
    reg [28:0] cnt;                //计数位宽为 29 位
    always @ (posedge clk_50M or negedge rst_n)
        begin
```

```
        if(!rst_n)  cnt <= 29'b0;
        else      cnt <= cnt + 1'b1;
      end
    always @ (cnt[9])                          //产生"滴滴"声音
      begin
        beep=!(cnt[13]&cnt[24]&cnt[28]);   //产生周期为327680ns的信号
      end
endmodule
```

3.5.4 RTL 模型

蜂鸣器控制电路的 RTL 模型和网络表如图 3-25 所示。原语中的运算单元相当于项目 2 的运算符，包括算术运算单元、关系运算单元、逻辑运算单元等，比如蜂鸣器控制电路中的加法运算。

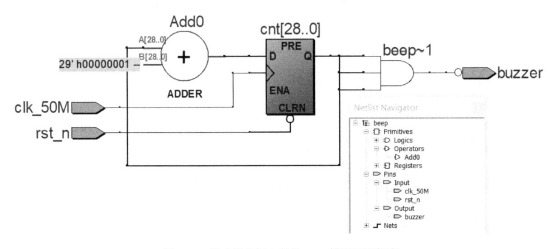

图 3-25 蜂鸣器控制电路的 RTL 模型和网络表

3.5.5 项目调试

1. 创建工程，编辑调试代码

（1）创建一个不含中文的目录 "…\Buzzer"，用于存放整个工程项目。

（2）启动 Quartus II 开发环境，执行 File→New Project Wizard 命令，创建工程，根据向导提示指定工程目录为 "…\beep"，工程名为 "beep"，顶层模块名为 "beep"。然后，指定开发板上对应的 FPGA 芯片，比如前面设计的开发板 "EP4CE6F17C8"。最后，单击 Finish

按钮，完成工程创建。

（3）执行 File→New 命令，向工程中添加 Verilog HDL 文件。在文本编辑区编写"蜂鸣器控制"源代码，并保存到工程文件夹根目录下。本例中只有一个文件，所以文件名与顶层模块名一样，即"beep.v"。

（4）执行 Processing→Start Compilation 命令或单击 ✎ 图标，编译文件。编译过程中，可以检测源代码的错误，根据错误提示修改程序，直至编译成功。

2. 引脚分配

（1）执行 Assignments→Pin Planner 命令，或者单击 ▣ 图标，对引脚进行分配，如图 3-26 所示。本例中开发板对应蜂鸣器的引脚为 E9 引脚。

Node Name	Direction	Location	I/O Bank	VREF Group	I/O Standard	Reserved	Current Strength	Slew Rate
buzzer	Output	PIN_E9	7 蜂鸣器	B7_N0	3.3-V L...efault)		2mA (default)	2 (default)
clk_50m	Input	PIN_E15	6	B6_N0	3.3-V L...efault)		2mA (default)	
rst_n	Input	PIN_M15	5	B5_N0	3.3-V L...efault)		2mA (default)	
<<new node>>								

图 3-26　蜂鸣器控制电路引脚分配

（2）执行 Processing→Start→Start Analysis & Synthesis 命令，或者单击 ▸ 图标，进行分析和综合，将设计映射到具体器件的基本模块上。

3. 芯片配置

（1）执行 Assignments→Devices 命令，在弹出的 Device 配置对话框中，单击 Device and Pin Options 按钮。

（2）在目标芯片属性对话框中，选择左侧的 Configuration 选项，勾选右侧的 Use configuration device 复选框，并在下拉列表中选择配置芯片 EPCS64。此外，还可根据开发板的情况修改 Unused Pins（未使用引脚）、Dual-Purpose Pins（双用引脚）、Voltage（I/O 电压、内核电压）等参数。

4. 编译

再次执行 Processing→Start Compilation 命令或单击 ▸ 图标，编译文件。编译过程中如果报错，可根据错误提示重新检查引脚分配或芯片设置，直至编译成功。

5. 下载调试

1）硬件连接

将 Altera 的 USB-Blaster 下载器，一端接计算机的 USB 接口，另一端接开发板的"JTAG"

10 针接口，检查无误后上电。

2）选择下载硬件

执行 Tool→Programmer 命令或者单击 ⊛ 图标，弹出 Programmer 窗口，单击 Hardware Setup 按钮，选择 USB-Blaster 下载器。一般需要通过 Windows 系统提前安装硬件驱动程序，才可以看见硬件。

3）下载

选择下载器后，在 Programmer 窗口中将显示"USB-Blaster[USB-0]"，表明下载器已添加。在 Mode 下拉列表中选择"JTAG"下载模式。然后单击左侧的 Add File 按钮，选择 beep.sof 文件，勾选 Program/Configure 列中复选框。最后，单击 Start 按钮，开始下载调试。当下载进度条到 100%时，即可在开发板上听到蜂鸣器循环发出"滴滴"的声音。蜂鸣器实物图如图 3-27 所示。

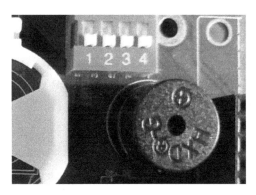

图 3-27　蜂鸣器实物图

任务 3.6　　LCD1602 控制设计

3.6.1　LCD1602 显示原理

LCD1602 是一种专门用来显示字母、数字、符号等的点阵型液晶模块。1602 的意思是每行显示 16 个字符，显示两行。LCD1602 只能显示 ASCII 码字符，如数字、大小写字母等。

1. 引脚功能说明

LCD1602 分为带背光和不带背光两种类型，采用标准的 14 脚（无背光）或 16 脚（带背光）接口，各引脚接口说明如表 3-3 所示。

表 3-3　LCD1602 引脚接口说明

编　号	符　号	引 脚 说 明	编　号	符　号	引 脚 说 明
1	VSS	接电源地端	9	D2	数据端
2	VDD	接电源正极端	10	D3	数据端
3	VL	液晶显示对比度调节端	11	D4	数据端
4	RS	数据/命令选择端（H/L）	12	D5	数据端
5	R/W	读/写选择端（H/L）	13	D6	数据端
6	E	使能信号端（下降沿触发）	14	D7	数据端
7	D0	数据端	15	BLA	接背光源正极端
8	D1	数据端	16	BLK	接背光源负极端

2. LCD1602 的 RAM 地址映射

LCD1602 的控制器大部分为 HD44780。它里面有三种存储器：CGROM、CGRAM、DDRAM。DDRAM 是显示数据 RAM，用来存放待显示的字符代码。DDRAM 共 80 字节，其地址和屏幕的对应关系如图 3-28 所示。CGROM 和 CGRAM 是 LCD1602 模块上的字模存储器。CGROM 用来存储 192 个常用字符的字模，由于已固化在 LCD1602 模块中，只能读取。CGRAM 用来存储用户自定义的字符，可以读也可以写。

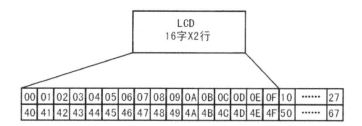

图 3-28　地址和屏幕的对应关系

需要在指定位置写入内容时，要先指定地址，如在第一行第一位写入，地址位是 00H，再加上 D7 的 1，即 80H(0010000000)，第二行第一位是 40H，再加上 D7 的 1，即 C0H(0011000000)，以此类推。

3. 基本操作时序

LCD1602 的基本操作时序如表 3-4 所示。

表 3-4　基本操作时序表

读状态	输入	RS=L，R/W=H，E=H		输出	D0～D7=状态字
写指令	输入	RS=L，R/W=L，D0～D7=指令码，E=高脉冲		输出	无
读数据	输入	RS=H，R/W=H，E=H		输出	D0～D7=数据
写数据	输入	RS=H，R/W=L，D0～D7=数据，E=高脉冲		输出	无

读操作时序如图 3-29 所示。

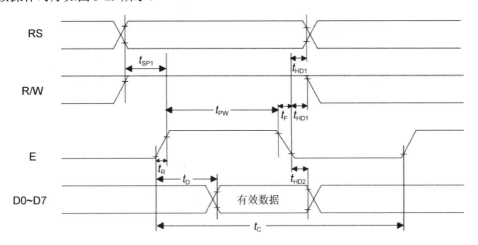

图 3-29　读操作时序

写操作时序如图 3-30 所示。

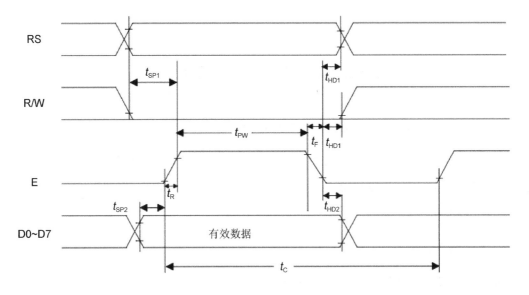

图 3-30　写操作时序

3.6.2　设计思路

使用 FPGA 控制 LCD1602 显示指定的字符，首先，需要对它通电 20ms，才可进行下一步操作。然后，由于 LCD1602 的工作频率为 500Hz，需要分频一个 500Hz 信号。根据上述的 LCD1602 的工作原理和功能，采用状态机来控制 LCD1602 的显示过程。显示过程的初始化，采用状态机设置。

```
SET_FUNCTION:LCD_DATA<=8'h38;      //8'b0011_1000, 设置显示两行, 5×7 点阵
DISP_OFF:LCD_DATA<=8'h08;          //8'b0000_1000, 不显示
DISP_CLEAR:LCD_DATA<=8'h01;        //8'b0000_0001, 清屏
ENTRY_MODE:LCD_DATA<=8'h06;        //8'b0000_0110, 写入新数据后光标右移
DISP_ON:LCD_DATA<=8'h0c;           //8'b0000_1100, 开始显示
//显示第一行
ROW1_ADDR:LCD_DATA<=8'h80;         //8'b1000_0000,设置 DDRAM 地址:第一行第一位
//显示第二行
ROW2_ADDR:LCD_DATA<=8'hc0;         //8'b1100_0000,设置 DDRAM 地址:第二行第一位
```

3.6.3　设计源代码

```
module lcd_1602(clk,rst_n,lcd_en,lcd_rw,lcd_rs,lcd_data);
   input  clk;
   input  rst_n;
   output  lcd_en ;         //使能端
   output  lcd_rw ;         //读、写选择端
   output  lcd_rs ;         //指令和数据寄存器选择端
   output [7:0] lcd_data; //数据端

   wire clk;
   wire rst_n;
   wire lcd_en;
   wire lcd_rw;
   reg  [7:0]  lcd_data;
   reg  lcd_rs;

   wire  [127:0]  row_1;       //第一行地址, 16×8=128
   wire  [127:0]  row_2;       //第二行地址
```

```
// LCD1602 需要显示的字符
assign row_1 ="This is the FPGA" ;   //第一行显示的内容,可以显示16个字符
assign row_2 ="control LCD1602!";    //第二行显示的内容,空格也算字符


parameter TIME_20MS = 1000_000 ;     //等待 20ms,系统上电稳定
parameter TIME_500HZ= 100_000;       //LCD1602 的工作频率为 500Hz
//模块工作采用状态机驱动
parameter  IDLE= 8'h00;  /*因为此状态机一共有40个状态,这里用了格雷码,一次只有1位发生改
变。00 01 03 02*/
parameter  SET_FUNCTION=8'h01;          //8'h01,0000_0001
parameter  DISP_OFF=8'h03;              //8'h03,0000_0011
parameter  DISP_CLEAR=8'h02;            //8'h02,0000_0010
parameter  ENTRY_MODE=8'h06;            //8'h06,0000_0110
parameter  DISP_ON=8'h07;               //8'h07,0000_0111
parameter  ROW1_ADDR=8'h05;             //第一行地址状态
parameter  ROW1_0=8'h04;
parameter  ROW1_1=8'h0C;
parameter  ROW1_2=8'h0D;
parameter  ROW1_3=8'h0F;
parameter  ROW1_4=8'h0E;
parameter  ROW1_5=8'h0A;
parameter  ROW1_6=8'h0B;
parameter  ROW1_7=8'h09;
parameter  ROW1_8=8'h08;
parameter  ROW1_9=8'h18;
parameter  ROW1_A=8'h19;
parameter  ROW1_B=8'h1B;
parameter  ROW1_C=8'h1A;
parameter  ROW1_D=8'h1E;
parameter  ROW1_E=8'h1F;
parameter  ROW1_F=8'h1D;


parameter  ROW2_ADDR=8'h1C;             //第二行地址状态
parameter  ROW2_0=8'h14;
parameter  ROW2_1=8'h15;
parameter  ROW2_2=8'h17;
parameter  ROW2_3=8'h16;
```

```verilog
parameter    ROW2_4=8'h12;
parameter    ROW2_5=8'h13;
parameter    ROW2_6=8'h11;
parameter    ROW2_7=8'h10;
parameter    ROW2_8=8'h30;
parameter    ROW2_9=8'h31;
parameter    ROW2_A=8'h33;
parameter    ROW2_B=8'h32;
parameter    ROW2_C=8'h36;
parameter    ROW2_D=8'h37;
parameter    ROW2_E=8'h35;
parameter    ROW2_F=8'h34;


//20ms 的计数器，即初始化第一步
reg [19:0] cnt_20ms ;
always@(posedge clk or negedge rst_n)
   begin
      if(rst_n==1'b0)
        cnt_20ms<=0;
      else if(cnt_20ms == TIME_20MS -1)
        cnt_20ms<=cnt_20ms;
      else
        cnt_20ms<=cnt_20ms + 1 ;
      end
   wire delay_done = (cnt_20ms==TIME_20MS-1)? 1'b1 : 1'b0 ; //上电延时完成
// LCD1602 的工作频率是 500Hz，而 FPGA 的工作频率是 50MHz，需要分频为 500Hz
   reg [19:0] cnt_500hz;
   always@(posedge clk or negedge rst_n)
     begin
       if(rst_n==1'b0)
           cnt_500hz <= 0;
       else if(delay_done==1)
          begin
             if(cnt_500hz== TIME_500HZ - 1)
                 cnt_500hz<=0;
             else   cnt_500hz<=cnt_500hz + 1 ;
          end
```

```
            else  cnt_500hz<=0;
    end
```

//使能端，下降沿执行命令

```
assign lcd_en = (cnt_500hz>(TIME_500HZ-1)/2)? 1'b0 : 1'b1;
```

//write_flag 置高一周期

```
wire write_flag = (cnt_500hz==TIME_500HZ - 1) ? 1'b1 : 1'b0;
```

//状态机控制 LCD1602 的显示过程

```
reg [5:0]  c_state;            //当前状态
reg [5:0]  n_state;            //下一个状态
always@(posedge clk or negedge rst_n)
    begin
     if(rst_n==1'b0)
            c_state <= IDLE;
        else if(write_flag==1)   //每一个工作周期改变一次状态
            c_state<= n_state;
        else   c_state<= c_state;
    end
always@(*)
    begin
         case (c_state)
             IDLE: n_state = SET_FUNCTION;
        SET_FUNCTION: n_state = DISP_OFF;
            DISP_OFF: n_state = DISP_CLEAR;
          DISP_CLEAR: n_state = ENTRY_MODE;
        ENTRY_MODE: n_state = DISP_ON;
             DISP_ON: n_state = ROW1_ADDR;
          ROW1_ADDR: n_state = ROW1_0;
             ROW1_0: n_state = ROW1_1;
             ROW1_1: n_state = ROW1_2;
             ROW1_2: n_state = ROW1_3;
           ROW1_3: n_state = ROW1_4;
           ROW1_4: n_state = ROW1_5;
           ROW1_5: n_state = ROW1_6;
           ROW1_6: n_state = ROW1_7;
           ROW1_7: n_state = ROW1_8;
           ROW1_8: n_state = ROW1_9;
```

```
        ROW1_9: n_state = ROW1_A;
        ROW1_A: n_state = ROW1_B;
        ROW1_B: n_state = ROW1_C;
        ROW1_C: n_state = ROW1_D;
        ROW1_D: n_state = ROW1_E;
        ROW1_E: n_state = ROW1_F;

        ROW1_F: n_state = ROW2_ADDR;
     ROW2_ADDR: n_state = ROW2_0;
        ROW2_0: n_state = ROW2_1;
        ROW2_1: n_state = ROW2_2;
        ROW2_2: n_state = ROW2_3;
        ROW2_3: n_state = ROW2_4;
        ROW2_4: n_state = ROW2_5;
        ROW2_5: n_state = ROW2_6;
        ROW2_6: n_state = ROW2_7;
        ROW2_7: n_state = ROW2_8;
        ROW2_8: n_state = ROW2_9;
        ROW2_9: n_state = ROW2_A;
        ROW2_A: n_state = ROW2_B;
        ROW2_B: n_state = ROW2_C;
        ROW2_C: n_state = ROW2_D;
        ROW2_D: n_state = ROW2_E;
        ROW2_E: n_state = ROW2_F;
        ROW2_F: n_state = ROW1_ADDR;
        default: n_state = n_state;
        endcase
    end

assign lcd_rw = 0;                    //写状态
always  @(posedge clk or negedge rst_n)
    begin
        if(rst_n==1'b0)
            lcd_rs <= 0 ;             //0 表示写命令，1 表示写数据
        else if(write_flag == 1)     //当状态为 7 个指令中任意一个时，将 RS 置 0
          begin //初始化指令，写地址指令（第一行、第二行）
```

```
                    if((n_state==SET_FUNCTION)||(n_state==DISP_OFF)||
                      (n_state==DISP_CLEAR)||(n_state==ENTRY_MODE)||
                      (n_state==DISP_ON ) ||(n_state==ROW1_ADDR)||
                      (n_state==ROW2_ADDR))
                          lcd_rs<=0;        //写指令
                    else    lcd_rs<=1;      //写数据
                  end
              else    lcd_rs<=lcd_rs;
          end
//各状态数据
    always@(posedge clk or negedge rst_n)
      begin
        if(rst_n==1'b0)
          lcd_data<=0 ;
        else if(write_flag)
          begin
            case(n_state)
                IDLE: lcd_data <= 8'hxx;
         SET_FUNCTION: lcd_data <= 8'h38;        //设置显示两行，5×7 点阵
             DISP_OFF: lcd_data <= 8'h08;        //不显示
           DISP_CLEAR: lcd_data <= 8'h01;        //清屏
           ENTRY_MODE: lcd_data <= 8'h06;        //地址加 1
              DISP_ON: lcd_data <= 8'h0c;        //开始显示，没有光标，不闪烁，
            ROW1_ADDR: lcd_data <= 8'h80;        //设置 DDRAM 地址，从第一行开始
//将输入的 row_1 分配给对应的显示位
              ROW1_0: lcd_data <= row_1 [127:120];   //显示"T"
              ROW1_1: lcd_data <= row_1 [119:112];   //显示"h"
              ROW1_2: lcd_data <= row_1 [111:104];   //显示"i"
              ROW1_3: lcd_data <= row_1 [103: 96];   //显示"s"
              ROW1_4: lcd_data <= row_1 [ 95: 88];
              ROW1_5: lcd_data <= row_1 [ 87: 80];
              ROW1_6: lcd_data <= row_1 [ 79: 72];
              ROW1_7: lcd_data <= row_1 [ 71: 64];
              ROW1_8: lcd_data <= row_1 [ 63: 56];
              ROW1_9: lcd_data <= row_1 [ 55: 48];
              ROW1_A: lcd_data <= row_1 [ 47: 40];
```

```
            ROW1_B: lcd_data <= row_1 [ 39: 32];
            ROW1_C: lcd_data <= row_1 [ 31: 24];
            ROW1_D: lcd_data <= row_1 [ 23: 16];
            ROW1_E: lcd_data <= row_1 [ 15:  8];
            ROW1_F: lcd_data <= row_1 [  7:  0];    //显示"A"


        ROW2_ADDR: lcd_data <= 8'hc0; //设置 DDRAM 地址，从第二行开始
            ROW2_0: lcd_data <= row_2 [127:120];    //显示"c"
            ROW2_1: lcd_data <= row_2 [119:112];    //显示"o"
            ROW2_2: lcd_data <= row_2 [111:104];    //显示"n"
            ROW2_3: lcd_data <= row_2 [103: 96];
            ROW2_4: lcd_data <= row_2 [ 95: 88];
            ROW2_5: lcd_data <= row_2 [ 87: 80];
            ROW2_6: lcd_data <= row_2 [ 79: 72];
            ROW2_7: lcd_data <= row_2 [ 71: 64];
            ROW2_8: lcd_data <= row_2 [ 63: 56];
            ROW2_9: lcd_data <= row_2 [ 55: 48];
            ROW2_A: lcd_data <= row_2 [ 47: 40];
            ROW2_B: lcd_data <= row_2 [ 39: 32];
            ROW2_C: lcd_data <= row_2 [ 31: 24];
            ROW2_D: lcd_data <= row_2 [ 23: 16];
            ROW2_E: lcd_data <= row_2 [ 15:  8];
            ROW2_F: lcd_data <= row_2 [  7:  0];    //显示"!"
        endcase
    end
    else
        lcd_data<=lcd_data;
    end
endmodule
```

3.6.4　RTL 模型

LCD1602 控制电路的 RTL 模型和网络表如图 3-31 所示，其中的状态机相当于一个内嵌的 IP 模块。

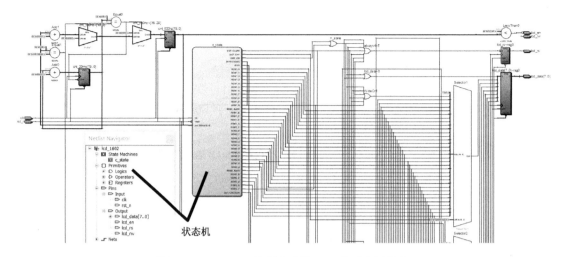

状态机

图 3-31　LCD1602 控制电路的 RTL 模型和网络表

3.6.5　项目调试

1. 创建工程，编辑调试代码

（1）创建一个不含中文的目录"…\lcd1602"，用于存放整个工程项目。

（2）启动 Quartus II 开发环境，执行 File→New Project Wizard 命令，创建工程，根据向导提示指定工程目录为"…\lcd_1602"，工程名为"lcd_1602"，顶层模块名为"lcd_1602"。然后，指定开发板上对应的 FPGA 芯片，比如前面设计的开发板"EP4CE6F17C8"。最后，单击 Finish 按钮，完成工程创建。

（3）执行 File→New 命令，向工程中添加 Verilog HDL 文件。在文本编辑区编写"LCD1602控制"源代码，并保存到工程文件夹根目录下。本例中只有一个文件，所以文件名与顶层模块名一样，即"lcd_1602.v"。

（4）执行 Processing→Start Compilation 命令或单击 图标，编译文件。编译过程中，可以检测源代码的错误，根据错误提示修改程序，直至编译成功。

2. 引脚分配

（1）执行 Assignments→Pin Planner 命令，或者单击 图标，对引脚进行分配，如图 3-32所示。本例中开发板的 LCD1602 引脚为 lcd_en、lcd_rs、lcd_rw 三个控制引脚，8 位数据引脚为 lcd_data[0]～lcd_data[7]。

clk	Input	PIN_E15	6		B6_N0	3.3-V L...efault)	2mA (default)	
lcd_data[0]	Output	PIN_F10	7		B7_N0	3.3-V L...efault)	2mA (default)	2 (default)
lcd_data[1]	Output	PIN_E11	7		B7_N0	3.3-V L...efault)	2mA (default)	2 (default)
lcd_data[2]	Output	PIN_F11	7		B7_N0	3.3-V L...efault)	2mA (default)	2 (default)
lcd_data[3]	Output	PIN_N9	4	8位	B4_N0	3.3-V L...efault)	2mA (default)	2 (default)
lcd_data[4]	Output	PIN_T8	3	数据脚	B3_N0	3.3-V L...efault)	2mA (default)	2 (default)
lcd_data[5]	Output	PIN_L4	2		B2_N0	3.3-V L...efault)	2mA (default)	2 (default)
lcd_data[6]	Output	PIN_R1	2		B2_N0	3.3-V L...efault)	2mA (default)	2 (default)
lcd_data[7]	Output	PIN_P1	2		B2_N0	3.3-V L...efault)	2mA (default)	2 (default)
lcd_en	Output	PIN_E10	7	3位	B7_N0	3.3-V L...efault)	2mA (default)	2 (default)
lcd_rs	Output	PIN_D9	7	控制脚	B7_N0	3.3-V L...efault)	2mA (default)	2 (default)
lcd_rw	Output	PIN_G11	6		B6_N0	3.3-V L...efault)	2mA (default)	2 (default)
rst_n	Input	PIN_M15	5		B5_N0	3.3-V L...efault)	2mA (default)	
<<new node>>								

图 3-32　LCD1602 控制电路引脚分配图

2）执行 Processing→Start→Start Analysis & Synthesis 命令，或者单击 ▶ 图标，进行分析和综合，将设计映射到具体器件的基本模块上。

3. 芯片配置

（1）执行 Assignments→Devices 命令，在弹出的 Device 配置对话框中，单击 Device and Pin Options 按钮。

（2）在目标芯片属性对话框中，选择左侧的 Configuration 选项，勾选右侧的 Use configuration device 复选框，并在下拉列表中选择配置芯片 EPCS64。此外，还可根据开发板的情况修改 Unused Pins（未使用引脚）、Dual-Purpose Pins（双用引脚）、Voltage（I/O 电压、内核电压）等参数。

4. 编译

再次执行 Processing→Start Compilation 命令或单击 ▶ 图标，编译文件。编译过程中如果报错，可根据错误提示重新检查引脚分配或芯片设置，直至编译成功。

5. 下载调试

1）硬件连接

将 Altera 的 USB-Blaster 下载器，一端接计算机的 USB 接口，另一端接开发板的"JTAG"10 针接口，检查无误后上电。

2）选择下载硬件

执行 Tool→Programmer 命令或者单击 ◉ 图标，弹出 Programmer 窗口，单击 Hardware Setup 按钮，选择 USB-Blaster 下载器。一般需要通过 Windows 系统提前安装硬件驱动程序，才可以看见硬件。

3）下载

选择下载器后，在 Programmer 窗口中将显示"USB-Blaster[USB-0]"，表明下载器已添加。在 Mode 下拉列表中选择"JTAG"下载模式。然后单击左侧的 Add File 按钮，选择 lcd_1602.sof 文件，勾选 Program/Configure 列中复选框。最后，单击 Start 按钮，开始下载调试。当下载进度条到 100%时，即可在开发板上看到 LCD1602 的显示效果，如图 3-33 所示，LCD1602 两行显示"This is the FPGA control LCD1602!"。

图 3-33　LCD1602 两行显示效果图

任务 3.7　步进电动机控制设计

3.7.1　步进电动机概述

步进电动机是一种将电脉冲信号转换成相应角位移或线位移的电动机。每输入一个脉冲信号，转子就转动一定的角度或前进一步，其输出的角位移或线位移与输入的脉冲数成正比，转速与脉冲频率成正比。因而只要控制脉冲的数量、频率和电动机绕组的相序，即可获得所需的转角、速度和方向。步进电动机的用途非常广泛，从简单的家用 DVD 播放器或打印机到高度复杂的数控机床或机械臂，步进电动机几乎无处不在。

步进电动机与其他控制用途的电动机的最大区别是，它接收数字控制信号（电脉冲信号）并将其转化成与之相对应的角位移或线位移，它本身就是一个完成数字模式转化的执行元件。因此，步进电动机能直接接收数字量的输入，特别适合于微机控制。步进电动机按照电动机的结构分为三种：永磁式（PM）、反应式（VR）和混合式（HB）。

（1）永磁式步进电动机一般为两相，转矩和体积较小，步进角一般为 7.5°或 15°，多用于价格低廉的消费性产品。

（2）反应式步进电动机一般为三相，可实现大转矩输出，步进角一般为 1.5°，但噪声和振动都很大，在欧美等发达国家已经被淘汰。

（3）混合式步进电动机兼具永磁式步进电动机和反应式步进电动机的优点。它又分为两相、三相和五相三种：两相混合式步进电动机的步距角一般为 1.8°，三相混合式步进电动机的步距角为 0.9°，五相混合式步进电动机的步距角一般为 0.72°。混合式步进电动机是工业运动控制应用中常见的电动机。

3.7.2　步进电动机的控制思路

本例选用的步进电动机 28BYJ-48 为四相八拍式永磁减速型步进电动机。当对步进电动机施加一系列连续不断的控制脉冲时，它可以连续不断地转动。每一个脉冲信号对应步进电动机的某一相或两相绕组的通电状态改变一次，也就对应转子转过一定的角度（一个步距角）。转子齿数为 64。采用四路 I/O 口进行并行控制，FPGA 直接发出多相脉冲信号，在经功率放大后，进入步进电动机的各相绕组，用软件的方法来实现脉冲分配。

四相步距电动机的控制方法有四相单四拍，四相单、双八拍和四相双四拍三种控制方式。步距角的计算公式为：

$$\theta_b = \frac{360°}{mCZ_k}$$

式中，m 为相数；C 为拍数，采用四相单四拍和四相双四拍控制方法时 C 为 1，采用四相单、双八拍控制方法时 C 为 2；Z_k 为转子小齿数。本例采用的是四相单、双八拍控制方法，所以步距角为 360°/512。但步进电动机经过一个 1/8 减速器引出，实际的步距角应为 360°/（512×8）。

按照四相单、双八拍控制方法，电动机正转时的控制顺序为 A→AB→B→BC→C→CD→D→DA，如表 3-5 所示。反转时，只要将控制信号按相反的顺序给出即可。

步进电动机的频率不能太快，也不能太慢，在 200Hz 附近最好，频率太快是转动不起来的。

表 3-5　电动机的控制顺序

蓝	粉	黄	橙	十 六 制 数	通 电 状 态
D	C	B	A		
0	0	0	1	0x01	A
0	0	1	1	0x03	AB
0	0	1	0	0x02	B

蓝	粉	黄	橙	十 六 制 数	通 电 状 态
0	1	1	0	0x06	BC
0	1	0	0	0x04	C
1	1	0	0	0x0C	CD
1	0	0	0	0x08	D
1	0	0	1	0x09	DA

3.7.3 设计源代码

```
module step_motor(StepDrive,clk50M,Dir,rst_n,StepEnable);
  input clk50M;
  input Dir;                //正反转控制键
  input StepEnable;         //启动键
  input rst_n;
  output[3:0] StepDrive;  //输出接步进电动机四个引脚：橙、黄、粉、蓝
  reg[3:0] StepDrive;
  reg[2:0] state;           //控制顺序为 A→AB→B...
  reg[31:0] StepCounter = 32'b0; //分频 250Hz，计数
  parameter[31:0] StepLockOut = 32'd200000;
  reg InternalStepEnable;//启动状态
  always @(posedge clk50M or negedge rst_n)
    begin
      if (!rst_n)
        begin
          StepDrive <= 4'b0;
            state <= 3'b0;
          StepCounter <= 32'b0;
        end
      else
        begin
          if (StepEnable == 1'b1) //启动
            InternalStepEnable <= 1'b1 ;
              StepCounter <= StepCounter + 31'b1 ;
          if (StepCounter >= StepLockOut)  //计数到 250Hz
            begin
              StepCounter <= 32'b0 ;
              if (InternalStepEnable == 1'b1)
```

```
              begin
                  InternalStepEnable <= StepEnable;
                  //正转
                  if (Dir == 1'b1) state <= state + 3'b001;
                  //反转
                  else if(Dir==1'b0) state <= state-3'b001;
                      case (state)
                          3'b000: StepDrive <= 4'b0001;
                          3'b001: StepDrive <= 4'b0011;
                          3'b010: StepDrive <= 4'b0010;
                          3'b011: StepDrive <= 4'b0110;
                          3'b100: StepDrive <= 4'b0100 ;
                          3'b101: StepDrive <= 4'b1100 ;
                          3'b110: StepDrive <= 4'b1000 ;
                          3'b111: StepDrive <= 4'b1001 ;
                      endcase
                  end
              end
          end
      end
  endmodule
```

3.7.4　RTL 模型

步进电动机的控制电路的 RTL 模型与网络表如图 3-34 所示。网络表反映了硬件描述代码转化成的硬件电路。硬件厂商利用网络表可以制造具体的专用集成电路或其他电路。

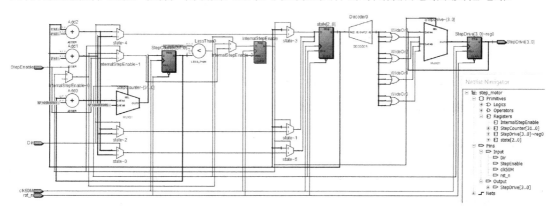

图 3-34　步进电动机的控制电路的 RTL 模型与网络表

3.7.5 项目调试

1. 创建工程，编辑调试代码

（1）创建一个不含中文的目录"…\motor"，用于存放整个工程项目。

（2）启动 Quartus II 开发环境，执行 File→New Project Wizard 命令，创建工程，根据向导提示指定工程目录为"…\step_motor"，工程名为"step_motor"，顶层模块名为"step_motor"。然后，指定开发板上对应的 FPGA 芯片，比如前面设计的开发板"EP4CE6F17C8"。最后，单击 Finish 按钮，完成工程创建。

（3）执行 File→New 命令，向工程中添加 Verilog HDL 文件。在文本编辑区编写"步进电动机控制"源代码，并保存到工程文件夹根目录下。本例中只有一个文件，所以文件名与顶层模块名一样，即"step_motor.v"。

（4）执行 Processing→Start Compilation 命令或单击 ✔ 图标，编译文件。编译过程中，可以检测源代码的错误，根据错误提示修改程序，直至编译成功。

2. 引脚分配

（1）执行 Assignments→Pin Planner 命令，或者单击 ▩ 图标，对引脚进行分配，如图 3-35 所示。本例中开发板的步进电动机引脚 StepDrive[3]～StepDrive[0] 对接电动机的橙、黄、粉、蓝四色线，选用扩展引脚。启动键 StepEnable、正反转键 Dir 选择拨码开关。

Node Name	Direction	Location	I/O Bank	VREF Group	I/O Standard	Reserved	Current Strength	Slew Rate
⬛ Dir	Input	PIN_M16	5 正反转	B5_N0	2.5 V (default)		8mA (default)	
⬛ StepDrive[3]	Output	PIN_D4	1	B1_N0	2.5 V (default)		8mA (default)	2 (default)
⬛ StepDrive[2]	Output	PIN_D1	1 4位输出	B1_N0	2.5 V (default)		8mA (default)	2 (default)
⬛ StepDrive[1]	Output	PIN_C2	1 端口	B1_N0	2.5 V (default)		8mA (default)	2 (default)
⬛ StepDrive[0]	Output	PIN_B1	1	B1_N0	2.5 V (default)		8mA (default)	2 (default)
⬛ StepEnable	Input	PIN_G16	6 启动	B6_N0	2.5 V (default)		8mA (default)	
⬛ clk50M	Input	PIN_E15	6	B6_N0	2.5 V (default)		8mA (default)	
⬛ rst_n	Input	PIN_M15	5	B5_N0	2.5 V (default)		8mA (default)	
<<new node>>								

图 3-35 步进电动机控制电路的引脚分配图

（2）执行 Processing→Start→Start Analysis & Synthesis 命令，或者单击 ▸ 图标，进行分析和综合，将设计映射到具体器件的基本模块上。

3. 芯片配置

（1）执行 Assignments→Devices 命令，在弹出的 Device 配置对话框中，单击 Device and Pin Options 按钮。

（2）在目标芯片属性对话框中，选择左侧的 Configuration 选项，勾选右侧的 Use

configuration device 复选框，并在下拉列表中选择配置芯片 EPCS64。此外，还可根据开发板的情况修改 Unused Pins（未使用引脚）、Dual-Purpose Pins（双用引脚）、Voltage（I/O 电压、内核电压）等参数。

4. 编译

再次执行 Processing→Start Compilation 命令或单击 ▶ 图标，编译文件。编译过程中如果报错，可根据错误提示重新检查引脚分配或芯片设置，直至编译成功。

5. 下载调试

1）硬件连接

将 Altera 的 USB-Blaster 下载器，一端接计算机的 USB 接口，另一端接开发板的"JTAG"10 针接口，检查无误后上电。

2）选择下载硬件

执行 Tool→Programmer 命令或者单击 🖑 图标，弹出 Programmer 窗口，单击 Hardware Setup 按钮，选择 USB-Blaster 下载器。一般需要通过 Windows 系统提前安装硬件驱动程序，才可以看见硬件。

3）下载

选择下载器后，在 Programmer 窗口中将显示"USB-Blaster[USB-0]"，表明下载器已添加。在 Mode 下拉列表中选择"JTAG"下载模式。然后单击左侧的 Add File 按钮，选择 step_motor.sof 文件，勾选 Program/Configure 列中复选框。最后，单击 Start 按钮，开始下载调试。当下载进度条到 100% 时，即可在开发板上看到步进电动机旋转效果，如图 3-36 所示。拨动启动键，电动机旋转。拨动正反转切换键，电动机反转。

图 3-36　步进电动机旋转效果图

项目4 基于 FPGA 技术的综合项目开发

任务 4.1 基本门电路测试平台设计

4.1.1 任务要求与分析

设计一个门电路测试平台，可以测试验证不同的门电路，使用数码管显示输入的二值信号：0 或 1 的组合。输出采用 LED 灯的亮灭来显示 "1" 或 "0"。使用不同的门电路可以验证相应的结果。

数字电路中比较常见的门电路有与门、或门、非门、异或门、同或门等。可以发现，它们的输入大部分可以归结为二输入组合。二输入组合的值为：00、01、10、11。这是一个递增组合，可以选用按键计数来实现。将按键计数值用数码管显示，送入门电路，验证结果使用 LED 灯显示。

4.1.2 设计原理

从上述的任务分析中，可以知道设计门电路测试平台的关键是按键控制的实现。项目 3 中有按键识别的内容。根据前述的内容，按键控制在处理按键抖动时，必须同时考虑消除闭合和断开两种情况下的抖动。按键去抖动的关键在于提取稳定的低电平状态，滤除前沿、后沿抖动毛刺。对于一个按键信号，可以用一个脉冲对它进行采样。如果连续三次采样都为低电平，可认为信号已经处于键稳定状态，这时输出一个低电平按键信号。继续采样的过程中如果不能满足连续三次采样都为低电平，则认为键稳定状态结束，输出变为高电平。其设计描述如下：

```
assign key_out=(dout1|dout2|dout3);   //按键识别输出
```

```
always@(posedge clk or negedge rst)
  if(rst==0)
    begin
      dout1<=0;  dout2<=0;  dout3<=0;
    end
  else
    begin
      dout1<=key; dout2<=dout1; dout3<=dout2;
    end
```

获得按键信号之后，需要将其转化为脉冲信号，再驱动数码管显示。二值输入需要两个数码管显示"0"或"1"。项目 3 中有数码管动态显示的内容。先控制位选，再控制段选，其设计描述如下：

```
always@(posedge clk)
  begin
    case(cnt)                    //控制数码管位选
      1'b0:wm<=2'b10;
      1'b1:wm<=2'b01;
      default:wm<=2'b11;
    endcase
    case(count)                  //数码管显示数据
      1'b0:dig<=d[0];
      1'b1:dig<=d[1];
    endcase
  end
always@(dig)
  begin
    case(dig)                    //控制数码管段选
      1'b0:dm=8'hc0;
      1'b1:dm=8'hf9;
      default:dm=8'hff;
    endcase
  end
```

4.1.3 顶层设计

Verilog HDL 的设计多采用自上而下（Top-down）的设计方法。即先定义顶层模块的功能，进而分析要构成顶层模块的必要子模块；然后进一步对各个模块进行分解、设计，直到无法进一步分解的底层功能块（叶单元）为止，如图 4-1 所示。这样，可以把一个较大的系统细化成多个小系统，从时间、工作量上分配给更多的人员去设计，从而提高了设计速度，缩短了开发周期。

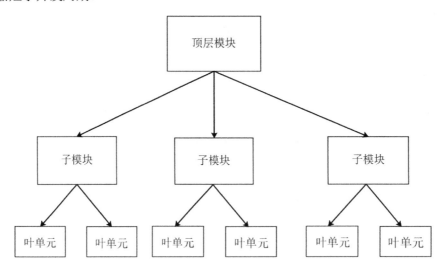

图 4-1　自上而下（Top-down）的设计结构图

依据上述的设计分析，可将门电路测试平台分为三个模块：按键识别、逻辑值显示、门电路验证，其顶层设计的 RTL 模型如图 4-2 所示。

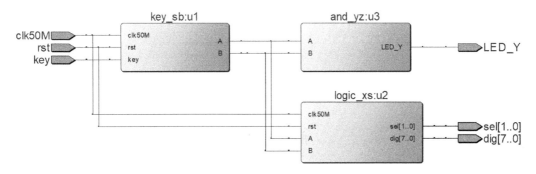

图 4-2　门电路测试平台的顶层设计的 RTL 模型图

4.1.4　设计源代码

1. 顶层模块

```
module key_men_yz(clk50M,rst,key,LED_Y,sel,dig);
  input clk50M,rst,key;
```

```
output LED_Y;
output [1:0]sel;
output [7:0]dig;

wire A,B;  //内部模块之间连线

key_sb u1(clk50M,rst,key,A,B);
logic_xs u2(clk50M,rst,A,B,sel,dig);
and_yz u3(A,B,LED_Y);

endmodule
```

2. 按键识别模块

```
module key_sb(clk50M,rst,key,A,B);
input clk50M,rst;
input key;
output A,B;

reg [15:0]counter;
reg clk;

always@(posedge clk50M or negedge rst)//产生 1ms 的扫描信号
  if (!rst)
  begin
    counter<=0;clk<=0;
  end
  else
  begin
    if(counter<24999) counter<=counter+1;
     else
      begin
       counter<=0;
       clk<=~clk;
      end
    end

reg dout1,dout2,dout3;
```

```verilog
always@(posedge clk or negedge rst) //按键识别
  if(!rst)
    begin
      dout1<=0;
      dout2<=0;
      dout3<=0;
    end
  else
    begin
      dout1<=key;
      dout2<=dout1;
      dout3<=dout2;
    end

wire  key_out;
assign  key_out=(dout1|dout2|dout3);


reg [1:0]d;
always@(posedge key_out or negedge rst)//两位二进制数计数
   if(!rst) d<=0;
      else d<=d+1;
wire A,B;
assign  A=d[1];  //二进制数的高位作为一个逻辑门的输入
assign  B=d[0];  //二进制数的低位作为另一个逻辑门的输入
endmodule
```

3. 逻辑值显示模块

```verilog
module logic_xs(clk50M,rst,A,B,sel,dig);
  input clk50M,rst;
  input A,B;
  output [1:0]sel;
  output [7:0]dig;


  reg cnt;
  reg dig_r;
  reg [1:0]wm;
  reg [7:0]dm;
```

```verilog
assign sel=wm;
assign dig=dm;

reg [15:0]counter;
reg clk;
always@(posedge clk50M or negedge rst)    //产生 1ms 的扫描信号
  if (!rst)
   begin
     counter<=0;clk<=0;
   end
  else
   begin
     if(counter<24999) counter<=counter+1;
      else
        begin
          counter<=0;
          clk<=~clk;
        end
    end

always@(posedge clk or negedge rst)         //基于扫描信号的计数
  begin
    if(!rst)cnt<=0;
    else   cnt<=cnt+1;
  end

always@(posedge clk)
  begin
    case(cnt)                                //产生位选信号
      1'b0:wm<=2'b01;
      1'b1:wm<=2'b10;
      default:wm<=2'b11;
    endcase
    case(cnt)                                //提取逻辑门输入信号的值
      1'b0:dig_r<=B;
      1'b1:dig_r<=A;
```

```
        endcase
      end

    always@(dig_r)
      begin
        case(dig_r)                    //将逻辑门输入信号的值用数码管显示
          1'b0:dm=8'hc0;
          1'b1:dm=8'hf9;
          default:dm=8'hff;
        endcase
      end
    endmodule
```

4. 门电路验证模块

```
module and_yz(A,B,LED_Y);
  input A,B;
  output LED_Y;
  wire Y;
  assign  Y=A&B;                       //逻辑与运算
  assign  LED_Y=~Y;
endmodule
```

4.1.5　项目调试

1. 创建工程，编辑调试代码

（1）创建一个不含中文的目录"…\key_men"，用于存放整个工程项目。

（2）启动 Quartus II 开发环境，执行 File→New Project Wizard 命令，创建工程，根据向导提示指定工程目录为"…\ key_men_yz"，工程名为"key_men_yz"，顶层模块名为"key_men_yz"。然后，指定开发板上对应的 FPGA 芯片，比如前面设计的开发板"EP4CE6F17C8"。最后，单击 Finish 按钮，完成工程创建。

（3）执行 File→New 命令，向工程中添加 Verilog HDL 文件。在文本编辑区编写"基本门电路测试平台"源代码，并保存到工程文件夹根目录下。本例中只有一个文件，所以文件名与顶层模块名一样，即"key_men_yz.v"。

（4）执行 Processing→Start Compilation 命令或单击 图标，编译文件。编译过程中，可以检测源代码的错误，根据错误提示修改程序，直至编译成功。

2．引脚分配

（1）执行 Assignments→Pin Planner 命令，或者单击 图标，对引脚进行分配，如图 4-3 所示。本例中开发板输入引脚有按键（key）引脚、复位（rst）引脚、时钟（clk50M）引脚，输出引脚有数码管位选引脚 sel[1]~ sel[0]，七段的段选引脚 dig [0]~dig [7]，门电路验证结果（LED 灯）引脚 LED_Y。

Node Name	Direction	Location	I/O Bank	VREF Group	I/O Standard	Reserved	Current Strength	Slew Rate	Differential Pair
LED_Y (LED灯)	Output	PIN_A2	8	B8_N0	3.3-V L...efault)		2mA (default)	2 (default)	
clk50M	Input	PIN_M2	2	B2_N0	3.3-V L...efault)		2mA (default)		
dig[7]	Output	PIN_T2	3	B3_N0	3.3-V L...efault)		2mA (default)	2 (default)	
dig[6] (段选)	Output	PIN_K2	2	B2_N0	3.3-V L...efault)		2mA (default)	2 (default)	
dig[5]	Output	PIN_N2	2	B2_N0	3.3-V L...efault)		2mA (default)	2 (default)	
dig[4]	Output	PIN_T3	3	B3_N0	3.3-V L...efault)		2mA (default)	2 (default)	
dig[3] (选)	Output	PIN_R3	3	B3_N0	3.3-V L...efault)		2mA (default)	2 (default)	
dig[2]	Output	PIN_P3	3	B3_N0	3.3-V L...efault)		2mA (default)	2 (default)	
dig[1]	Output	PIN_L1	2	B2_N0	3.3-V L...efault)		2mA (default)	2 (default)	
dig[0] (按键)	Output	PIN_L2	2	B2_N0	3.3-V L...efault)		2mA (default)	2 (default)	
key	Input	PIN_B7	8	B8_N0	3.3-V L...efault)		2mA (default)		
rst (位选)	Input	PIN_M15	5	B5_N0	3.3-V L...efault)		2mA (default)		
sel[1]	Output	PIN_T4	3	B3_N0	3.3-V L...efault)		2mA (default)	2 (default)	
sel[0]	Output	PIN_T5	3	B3_N0	3.3-V L...efault)		2mA (default)	2 (default)	
<<new node>>									

图 4-3　基本门电路测试平台电路引脚分配图

（2）执行 Processing→Start→Start Analysis & Synthesis 命令，或者单击 图标，进行分析和综合，将设计映射到具体器件的基本模块上。

3．芯片配置

（1）执行 Assignments→Devices 命令，在弹出的 Device 配置对话框中，单击 Device and Pin Options 按钮。

（2）在目标芯片属性对话框中，选择左侧的 Configuration 选项，勾选右侧的 Use configuration device 复选框，并在下拉列表中选择配置芯片 EPCS64。此外，还可根据开发板的情况修改 Unused Pins（未使用引脚）、Dual-Purpose Pins（双用引脚）、Voltage（I/O 电压、内核电压）等参数。

4．编译

再次执行 Processing→Start Compilation 命令或单击 图标，编译文件。编译过程中如果报错，可根据错误提示重新检查引脚分配或芯片设置，直至编译成功。

5．下载调试

1）硬件连接

将 Altera 的 USB-Blaster 下载器，一端接计算机的 USB 接口，另一端接开发板的"JTAG"

基于 Verilog HDL 的 FPGA 项目开发教程

10 针接口，检查无误后上电。

2）选择下载硬件

执行 Tool→Programmer 命令或者单击 图标，弹出 Programmer 窗口，单击 Hardware Setup 按钮，选择 USB-Blaster 下载器。一般需要通过 Windows 系统提前安装硬件驱动程序，才可以看见硬件。

3）下载

选择下载器后，在 Programmer 窗口中将显示"USB-Blaster[USB-0]"，表明下载器已添加。在 Mode 下拉列表中选择"JTAG"下载模式。然后单击左侧的 Add File 按钮，选择 key_men_yz.sof 文件，勾选 Program/Configure 列中复选框。最后，单击 Start 按钮，开始下载调试。当下载进度条到 100%时，即可在开发板上操作。按下按键，数码管显示"00"，再按一次显示"01"，依据数码管显示的二值数据进行门电路运算，与门测试的结果如图 4-4 所示。门电路运算结果符合与门特性：有 0 出 0，全 1 出 1。

图 4-4   与门测试结果效果图

任务 4.2 数字钟设计

4.2.1 任务要求与分析

设计一个简易数字钟，能正确显示时、分、秒，并能进行计数。秒钟满 60 向分钟进位，分钟满 60 向时钟进位，当达到 23 时 59 分 59 秒时，能正确清零并重新计数。简易数字钟的整体设计框图如图 4-5 所示。

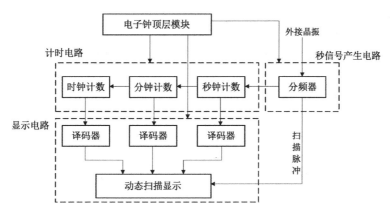

图 4-5 简易数字钟的整体设计框图

本任务设计的数字钟只完成基本功能，由秒信号产生电路、计时电路与显示电路三个部分组成。秒信号产生电路采用分频器将外接晶振 50MHz 进行分频实现，产生秒钟信号和显示扫描信号。对计时电路进行整体设计，秒钟部分和分钟部分设计为六十进制计数器，时钟部分设计为二十四进制计数器，通过进位将三者联系起来。显示电路通过译码器将秒钟、分钟、时钟的 BCD 码输出给数码管显示，显示方式为动态扫描显示。

4.2.2 设计原理

数字钟分三个部分：产生 1s 的计时脉冲信号、秒分时钟的计时、显示秒分时钟信号。秒信号采用分频器实现，将外接晶振的频率（50MHz）分频，生成 1ms 信号，作为数码管动态扫描显示的脉冲信号，再将其分频为 1Hz 的秒信号，具体实施方法可以参考项目 3 中流水灯分频设计部分内容。

通常，设计计时电路时将秒钟电路、分钟电路和时钟电路分开，这里进行整体设计，将其作为一个模块来设计，其模块设计描述如下：

```
    reg   [23:0]   q;   //6个数码管需24位，4位显示一个十进制数
    always@(posedge clk or negedge rst)
   if(!rst)q<=0;
    else
 if((q[23:20]==2)&(q[19:16]==3)&(q[15:12]==5)&(q[11:8]==9)&(q[7:4]==5)&(q[3:0]==9))
        q<=0;                                       //计时到23时59分59秒，清零
     else
      begin
       if(q[3:0]==9)
        begin
         q[3:0]<=0;
         if(q[7:4]==5)                              //59秒清零
           begin
            q[7:4]<=0;
            if(q[11:8]==9)
              begin
               q[11:8]<=0;
               if(q[15:12]==5)                      //59分清零
                 begin
                  q[15:12]<=0;
                   if(q[19:16]==9)
                     begin
                      q[19:16]<=0;
                      q[23:20]<=q[23:20]+1;
                     end
                   else
                      q[19:16]<=q[19:16]+1;          //未到24时，时钟数加1
                  end
               else
                  q[15:12]<=q[15:12]+1;
              end
            else
               q[11:8]<=q[11:8]+1;                   //未到1小时，分钟数加1
           end
         else
            q[7:4]<=q[7:4]+1;
        end
      else
```

```
        q[3:0]<=q[3:0]+1;              //未到 1 分钟，秒钟数加 1
    end
```

　　显示部分将计时信号在数码管中显示，需要 6 个数码管，采用动态扫描方式显示秒、分、时。显示电路设计为一个六进制计数器，用于 6 个数码管的位选计数，使此计数值通过译码器译码，产生控制数码管的位选信号，同时用作选择计时模块输出的秒、分、时的 BCD 码，最后使 BCD 码通过译码器译码，产生显示 0~9 的共阳极段码，实现时钟显示。可以参考项目 3 的数码管动态显示。

4.2.3　顶层设计

　　任务 4.1 介绍了自上而下的设计方法，本任务进一步强化该方法。随着科技的进步，电子产品日新月异，EDA 技术作为电子产品开发研制的原动力，已成为现代电子设计的核心。在 EDA 技术中自上而下的设计方法非常适合设计大型复杂系统。所谓"自上而下"，即从系统的顶端开始设计，对顶层结构进行设计并对功能方框图进行划分。在方框图一级进行纠错和仿真，通过相应的描述语言描述高层次系统行为，并进行验证。借助综合优化工具获取电路网表，其中的内容包括专用集成电路或印制电路板。

　　从前面的分析中可知，数字钟由秒信号产生电路、计时电路与显示电路三个部分组成，可以分为三个模块，其顶层设计的 RTL 模型如图 4-6 所示。

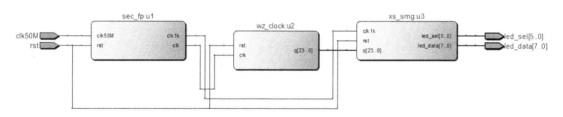

图 4-6　数字钟顶层设计的 RTL 模型图

4.2.4　设计源代码

1. 顶层模块

```
module dzclock(clk50M,rst,led_sel,led_data);
  input clk50M,rst;
  output[5:0] led_sel;
  output[7:0] led_data;
```

```
   wire clk1k,clk;
   wire[23:0]q;

   sec_fp u1(clk50M,rst,clk1k,clk);
   wz_clock u2(rst,clk,q);
   xs_smg u3(q,clk1k,rst,led_sel,led_data);
endmodule
```

2. 秒信号产生模块

```
module sec_fp(clk50M,rst,clk1k,clk);
  input clk50M;
  input rst;
  output clk1k,clk;

  reg [14:0]counter1;
  reg [8:0]counter2;
  reg clk1k,clk;

  always @ (posedge clk50M or negedge rst)     //产生 1ms 的数码管扫描信号
      if(!rst)
        begin
            counter1 <= 0;  clk1k <= 0;
        end
      else
        begin
          if(counter1==24999)
            begin  clk1k <= !clk1k;  counter1<=0;  end
          else  counter1 <= counter1 + 1;
        end
  always @ (posedge clk1k or negedge rst)       //产生 1Hz 的秒脉冲信号
      if(!rst)
        begin
            counter2<=0;  clk<=0;
        end
      else
        begin
          if(counter2==49)
```

```
            begin clk <= !clk; counter2<=0; end
        else  counter2 <= counter2 + 1;
    end
endmodule
```

3. 计时模块

```
module wz_clock(rst,clk,q);
  input   rst,clk;
  output [23:0]q;

  reg [23:0]q;
  always  @(posedge clk or negedge rst)
   if(!rst)q<=0;
    else
if((q[23:20]==2)&(q[19:16]==3)&(q[15:12]==5)&(q[11:8]==9)&(q[7:4]==5)&(q[3:0]==9))
        q<=0;
      else
        begin
         if(q[3:0]==9)
         begin
          q[3:0]<=0;
          if(q[7:4]==5)
            begin
             q[7:4]<=0;
             if(q[11:8]==9)
               begin
                q[11:8]<=0;
                if(q[15:12]==5)
                  begin
                   q[15:12]<=0;
                    if(q[19:16]==9)
                     begin
                     q[19:16]<=0;
                     q[23:20]<=q[23:20]+1;
                     end
                   else
                     q[19:16]<=q[19:16]+1;
```

```
                    end
                else
                    q[15:12]<=q[15:12]+1;
                end
            else
                q[11:8]<=q[11:8]+1;
            end
        else
            q[7:4]<=q[7:4]+1;
        end
    else
        q[3:0]<=q[3:0]+1;
    end
endmodule
```

4. 显示模块

```
module xs_smg(q,clk1k,rst,led_sel,led_data);
    input clk1k,rst;
    input [23:0]q;
    output [5:0] led_sel;
    output [7:0] led_data;

    reg [3:0] decode;
    reg [2:0] sel;   //数码管个数计数
    reg [5:0] dig;   //位选
    reg [7:0] seg;   //段选

    assign led_sel=dig;
    assign led_data=seg;

    always@(posedge clk1k or negedge rst)
        if(!rst) sel<=0;
        else
            begin
                if(sel==5)sel<=0;
                else sel<=sel+1;
            end
```

```
always@(posedge clk1k)
  begin
    case(sel)          //提取计时值
      0:decode=q[3:0];
      1:decode=q[7:4];
      2:decode=q[11:8];
      3:decode=q[15:12];
      4:decode=q[19:16];
      5:decode=q[23:20];
      default:decode=4'bz;
    endcase

    case(sel)          //数码管的位选
      0:dig=6'b011111;
      1:dig=6'b101111;
      2:dig=6'b110111;
      3:dig=6'b111011;
      4:dig=6'b111101;
      5:dig=6'b111110;
      default:dig=6'b111111;
    endcase
  end
always@(decode)
  begin
    case(decode)       //对计数值译码
      0:seg=8'hc0;
      1:seg=8'hf9;
      2:seg=8'ha4;
      3:seg=8'hb0;
      4:seg=8'h99;
      5:seg=8'h92;
      6:seg=8'h82;
      7:seg=8'hf8;
      8:seg=8'h80;
      9:seg=8'h90;
      default:seg=8'hz;
    endcase
```

```
    end
endmodule
```

4.2.5 项目调试

1. 创建工程，编辑调试代码

（1）创建一个不含中文的目录"…\dzclock"，用于存放整个工程项目。

（2）启动 Quartus II 开发环境，执行 File→New Project Wizard 命令，创建工程，根据向导提示指定工程目录为"…\ dzclock"，工程名为"dzclock"，顶层模块名为"dzclock"。然后，指定开发板上对应的 FPGA 芯片，比如前面设计的开发板"EP4CE6F17C8"。最后，单击 Finish 按钮，完成工程创建。

（3）执行 File→New 命令，向工程中添加 Verilog HDL 文件。在文本编辑区编写"数字钟"源代码，并保存到工程文件夹根目录下。本例中只有一个文件，所以文件名与顶层模块名一样，即"dzclock.v"。

（4）执行 Processing→Start Compilation 命令或单击 图标，编译文件。编译过程中，可以检测源代码的错误，根据错误提示修改程序，直至编译成功。

2. 引脚分配

（1）执行 Assignments→Pin Planner 命令，或者单击 图标，对引脚进行分配，如图 4-7 所示。本例中开发板输入引脚有复位（rst）引脚、时钟（clk50M）引脚，输出引脚有数码管六联位选引脚 led_sel[5] ~ sel[0]，数码管段选引脚 led_data [0] ~ led_data [7]。

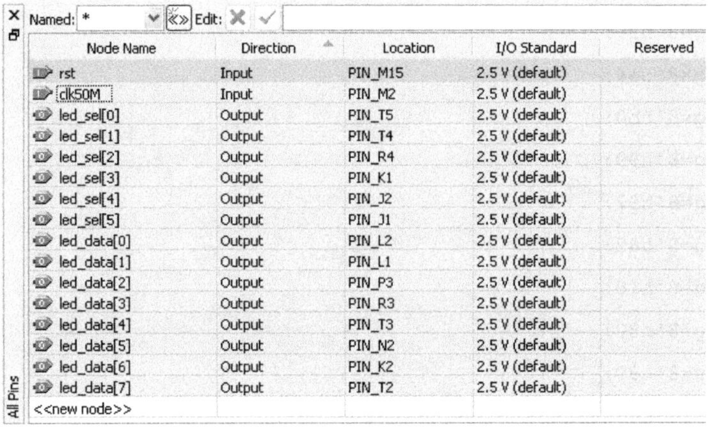

Node Name	Direction	Location	I/O Standard	Reserved
rst	Input	PIN_M15	2.5 V (default)	
clk50M	Input	PIN_M2	2.5 V (default)	
led_sel[0]	Output	PIN_T5	2.5 V (default)	
led_sel[1]	Output	PIN_T4	2.5 V (default)	
led_sel[2]	Output	PIN_R4	2.5 V (default)	
led_sel[3]	Output	PIN_K1	2.5 V (default)	
led_sel[4]	Output	PIN_J2	2.5 V (default)	
led_sel[5]	Output	PIN_J1	2.5 V (default)	
led_data[0]	Output	PIN_L2	2.5 V (default)	
led_data[1]	Output	PIN_L1	2.5 V (default)	
led_data[2]	Output	PIN_P3	2.5 V (default)	
led_data[3]	Output	PIN_R3	2.5 V (default)	
led_data[4]	Output	PIN_T3	2.5 V (default)	
led_data[5]	Output	PIN_N2	2.5 V (default)	
led_data[6]	Output	PIN_K2	2.5 V (default)	
led_data[7]	Output	PIN_T2	2.5 V (default)	
<<new node>>				

图 4-7　数字钟电路引脚分配图

（2）执行 Processing→Start→Start Analysis & Synthesis 命令，或者单击 ▸ 图标，进行分析和综合，将设计映射到具体器件的基本模块上。

3. 芯片配置

（1）执行 Assignments→Devices 命令，在弹出的 Device 配置对话框中，单击 Device and Pin Options 按钮。

（2）在目标芯片属性对话框中，选择左侧的 Configuration 选项，勾选右侧的 Use configuration device 复选框，并在下拉列表中选择配置芯片 EPCS64。此外，还可根据开发板的情况修改 Unused Pins（未使用引脚）、Dual-Purpose Pins（双用引脚）、Voltage（I/O 电压、内核电压）等参数。

4. 编译

再次执行 Processing→Start Compilation 命令或单击 ▸ 图标，编译文件。编译过程中如果报错，可根据错误提示重新检查引脚分配或芯片设置，直至编译成功。

5. 下载调试

1）硬件连接

将 Altera 的 USB-Blaster 下载器，一端接计算机的 USB 接口，另一端接开发板的"JTAG" 10 针接口，检查无误后上电。

2）选择下载硬件

执行 Tool→Programmer 命令或者单击 ▨ 图标，弹出 Programmer 窗口，单击 Hardware Setup 按钮，选择 USB-Blaster 下载器。一般需要通过 Windows 系统提前安装硬件驱动程序，才可以看见硬件。

3）下载

选择下载器后，在 Programmer 窗口中将显示 "USB-Blaster[USB-0]"，表明下载器已添加。在 Mode 下拉列表中选择 "JTAG" 下载模式。然后单击左侧的 Add File 按钮，选择 dzclock.sof 文件，勾选 Program/Configure 列中复选框。最后，单击 Start 按钮，开始下载调试。当下载进度条到 100%时，即可在开发板上操作。数字钟开始计时的显示效果如图 4-8 所示。

图 4-8　数字钟计时效果图

任务 4.3　UART 通信接口设计

4.3.1　任务要求与分析

通用异步收发传输器（Universal Asynchronous Receiver/Transmitter），通常称为 UART，是一种采用异步串行通信方式的收发传输器。在串行通信时，要求通信双方都采用一种标准接口，使不同的设备可以方便地连接起来进行通信。RS-232-C 接口（又称 EIARS-232-C）是常用的一种串行通信接口。

随着时代的发展，这种接口已经很少用了，取而代之的是 USB 转串口。USB 转串口可以将传统的串口设备变成即插即用的 USB 设备。USB 转串口如图 4-9 所示。

图 4-9　USB 转串口

串口的主要功能为：在发送数据时将并行数据转换成串行数据进行传输，在接收数据时将接收到的串行数据转换成并行数据。

为了实现串口通信，这里使用 FPGA 开发板做串口回环实验，要求 PC 端通过串口助手发送数据给 FPGA，FPGA 接收到数据后再发回 PC 端，并在串口助手处显示数值。即串口助手发送什么就能接收回什么。串口通信回环实验设计框图如图 4-10 所示。

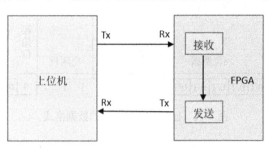

图 4-10 串口通信回环实验设计框图

4.3.2 串口通信原理

1. UART 通信结构

UART 是一种通用串行数据总线，用于异步通信。该总线双向通信，可以实现全双工传输和接收。在 UART 通信中，两个 UART 直接相互通信。发送 UART 将来自 CPU 等控制设备的并行数据转换为串行形式，并将其发送到接收 UART，接收 UART 将串行数据转换回并行数据。在两个 UART 之间传输数据只需要两根线。其硬件连接如图 4-11 所示。

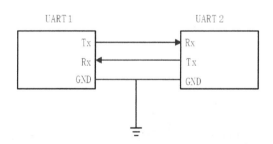

图 4-11 两个 UART 之间的硬件连接图

（1）T_X：发送数据端，要接对面设备的 R_X。

（2）R_X：接收数据端，要接对面设备的 T_X。

（3）GND：保证两个 UART 共地，有统一的参考平面。

2. UART 通信协议

在 FPGA 应用领域，UART 这个名称也用于表示一种异步串口通信协议，其工作原理是将传输数据一位一位地传输。UART 通信协议的数据格式如图 4-12 所示。其中每一位（bit）的意义如下：

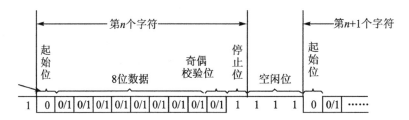

图 4-12　UART 通信协议的数据格式

（1）起始位：先发出一个逻辑"0"的信号，表示开始传输字符。

（2）数据位：在起始位之后。数据位的个数可以是 4、5、6、7、8 等，构成一个字符，通常采用 ASCII 码，从最低位开始传送，靠时钟定位。

（3）奇偶校验位：数据位加上这一位后，使得"1"的位数应为偶数（偶校验）或奇数（奇校验），以此来校验数据传送的正确性。

（4）停止位：它是一个字符数据的结束标志，可以是 1 位、1.5 位、2 位的高电平。由于数据是在传输线上定时的，并且每一个设备有自己的时钟，很可能在通信中两个设备间出现了微小的不同步。因此停止位不仅仅表示传输的结束，还提供计算机校正时钟同步的机会。停止位的位数越多，对不同时钟不同步的容忍程度越大，但是数据传输速率也就越小。

（5）空闲位：处于逻辑"1"状态，表示当前线路上没有数据传输。

3．波特率

在串行通信中，数据是按位传送的，因此数据传输速率用每秒钟传送二进制代码的位数表示，称为波特率。每秒传送一个格式位就是 1 波特，即 1 波特=1bit/s（位/秒）。常见的波特率有 9600bit/s、115200bit/s 等，其他标准的波特率有 1200bit/s、2400bit/s、4800bit/s、19200bit/s、38400bit/s、57600bit/s。

4.3.3　顶层设计

从设计框图可知，FPGA 要有两个模块：发送模块和接收模块。由于 UART 通信没有时钟，因此只能规定多少时间发送一位二进制数来保证数据收发不会出错。开发板的时钟频率为 50MHz，取波特率 9600bit/s，因此发送一位二进制数需要 $50×10^6/9600≈5208$ 个时钟，即计数到 5208 就发送一位二进制数。串口通信回环实验的顶层设计 RTL 模型如图 4-13 所示。

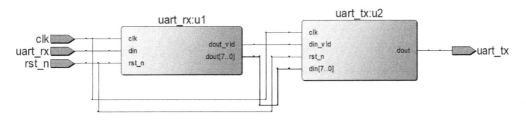

图 4-13　串口通信回环实验的顶层设计 RTL 模型图

4.3.4　设计源代码

1. UART 串口通信顶层模块

```
module uart_top (clk, rst_n, uart_rx, uart_tx);
    input    clk;        //时钟，50MHz
    input    rst_n;      //复位，低电平有效
    input    uart_rx;    //FPGA 通过串口接收的数据
    output   uart_tx;    //FPGA 通过串口发送的数据

    wire [7:0] data;
    wire data_vld;

    uart_rx u1          //调用接收模块
     (
      .clk(clk),
      .rst_n(rst_n),
      .din(uart_rx),
      .dout(data),
      .dout_vld(data_vld)
     );

    uart_tx u2          //调用发送模块
     (
      .clk(clk),
      .rst_n(rst_n),
      .din_vld(data_vld),
      .din(data),
      .dout(uart_tx)
```

```
    );
endmodule
```

2. 接收模块

```
module uart_rx
    //常量参数定义
    #(parameter  CLK = 50_000_000,          //系统时钟, 50MHz
      parameter  BPS = 9600,                //波特率
      parameter  BPS_CNT = CLK/BPS          //波特率计数, 5208
    )
    (clk, rst_n, din, dout, dout_vld);
    //端口定义
    input   clk;                            //时钟, 50MHz
    input   rst_n;                          //复位, 低电平有效
    input   din;                            //输入数据
    output  reg [7:0] dout;                 //输出数据
    output  reg  dout_vld;                  //输出数据的有效指示
    //信号定义
    reg  rx0;
    reg  rx1;
    reg  rx2;
    wire  rx_en;
    reg  flag;
    reg [15:0] cnt0;                        //波特率计数
    wire  add_cnt0;
    wire  end_cnt0;
    reg [3:0] cnt1;                         //数据位计数
    wire  add_cnt1;
    wire  end_cnt1;
    reg [7:0] data;
    //消除亚稳态 + 下降沿检测
    always @(posedge clk or negedge rst_n)
        begin
            if(!rst_n)
                begin
                    rx0 <= 1;  rx1 <= 1;   rx2 <= 1;
                end
```

```
        else
          begin
            rx0 <= din; rx1 <= rx0;  rx2 <= rx1;
          end
      end
 assign rx_en = rx2 && ~rx1; // rx2=1 且 rx1=0，检测下降沿
 //接收状态指示
 always @(posedge clk or negedge rst_n)
    begin
      if(!rst_n) flag <= 0;
        else if(rx_en) flag <= 1;  //有下降沿，则接收标志置"1"
          else if(end_cnt1) flag <= 0;
    end
 //波特率计数
    always @(posedge clk or negedge rst_n)
      begin
        if(!rst_n)
          cnt0 <= 0;
        else if(add_cnt0)
            begin
              if(end_cnt0)  cnt0 <= 0;
                else  cnt0 <= cnt0 + 1'b1;
            end
      end
    assign add_cnt0 = flag;
    assign end_cnt0 = (cnt0== BPS_CNT-1) || end_cnt1;
    //开始 1 位（不接收）+ 数据 8 位 + 停止 1 位（不接收），共 10 位
    always @(posedge clk or negedge rst_n)
      begin
        if(!rst_n)
          cnt1 <= 0;
        else if(add_cnt1)
            begin
              if(end_cnt1)  cnt1 <= 0;
                else cnt1 <= cnt1 + 1'b1;
            end
      end
```

```
    assign add_cnt1 = end_cnt0;
    assign end_cnt1 = (cnt1==(10-1))&&(cnt0==(BPS_CNT/2-1));
    //缓存数据
    always @ (posedge clk or negedge rst_n)
      begin
        if(!rst_n)
          data <= 8'd0;
        else if((cnt1>=1)&&(cnt1<=8)&&(cnt0==BPS_CNT/2-1))    //中间采样
          data[cnt1-1] <= rx2;    //或 dout <={rx2,dout[7:1]};
      end
    //输出数据
    always @ (posedge clk or negedge rst_n)
      begin
        if(!rst_n)  dout <= 0;
          else if(end_cnt1)  dout <= data;
      end
    always @ (posedge clk or negedge rst_n)
       begin
        if(!rst_n) dout_vld <= 0;
         else if(end_cnt1) dout_vld <= 1;
            else dout_vld <= 0;
       end
endmodule
```

3. 发送模块

```
module uart_tx
#(
  parameter  CLK = 50_000_000,      //系统时钟，50MHz
  parameter  BPS = 9600,            //波特率
  parameter  BPS_CNT = CLK/BPS      //波特率计数
)
(clk, rst_n, din, din_vld, dout);
  input   wire  clk;                //时钟，50MHz
  input   wire  rst_n;              //复位，低电平有效
  input   wire  [7:0] din;          //输入数据
  input   wire  din_vld;    //输入数据的有效指示
  output  reg   dout;       //输出数据
```

```verilog
    reg  flag;
    reg  [7:0] din_tmp;
    reg  [15:0]  cnt0;        //波特率计数
    wire  add_cnt0;
    wire  end_cnt0;
    reg  [3:0] cnt1;          //数据位计数
    wire  add_cnt1;
    wire  end_cnt1;
    wire  [9:0] data;         //发送数据
//数据暂存（din 可能会消失）
    always @ (posedge clk or negedge rst_n)
      begin
        if(!rst_n) din_tmp <=8'd0;
         else if(din_vld) din_tmp <= din;
      end
//发送状态指示
    always  @(posedge clk or negedge rst_n)
      begin
        if(!rst_n) flag <= 0;
         else if(din_vld) flag <= 1;
            else if(end_cnt1) flag <= 0;
      end
//波特率计数
    always @(posedge clk or negedge rst_n)
      begin
        if(!rst_n) cnt0 <= 0;
          else if(add_cnt0)
            begin
              if(end_cnt0) cnt0 <= 0;
                else cnt0 <= cnt0 + 1'b1;
            end
      end
    assign add_cnt0 = flag;
    assign end_cnt0 = (cnt0== (BPS_CNT-1)) || end_cnt1;
//开始 1 位 + 数据 8 位 + 停止 1 位，共 10 位
    always @ (posedge clk or negedge rst_n)
```

```
    begin
      if(!rst_n) cnt1 <= 0;
     else if(add_cnt1)
       begin
          if(end_cnt1) cnt1 <= 0;
            else cnt1 <= cnt1 + 1'b1;
        end
    end
  assign add_cnt1 = end_cnt0;
  assign end_cnt1 = (cnt1==(10-1))&&(cnt0==(BPS_CNT/2-1));
//数据输出（用 case 语句也行）
  assign data = {1'b1,din_tmp,1'b0};  //停止，数据 8 位，开始
  always @(posedge clk or negedge rst_n)
     begin
      if(!rst_n)  dout <= 1'b1;
        else if(flag)  dout <= data[cnt1];
    end
endmodule
```

4.3.5　项目调试

1. 创建工程，编辑调试代码

（1）创建一个不含中文的目录"…\uart"，用于存放整个工程项目。

（2）启动 Quartus II 开发环境，执行 File→New Project Wizard 命令，创建工程，根据向导提示指定工程目录为"…\uart_top"，工程名为"uart_top"，顶层模块名为"uart_top"。然后，指定开发板上对应的 FPGA 芯片，比如前面设计的开发板"EP4CE6F17C8"。最后，单击 Finish 按钮，完成工程创建。

（3）执行 File→New 命令，向工程中添加 Verilog HDL 文件。在文本编辑区编写"UART通信接口"源代码，并保存到工程文件夹根目录下。本例中只有一个文件，所以文件名与顶层模块名一样，即"uart_top.v"。

（4）执行 Processing→Start Compilation 命令或单击 ✎ 图标，编译文件。编译过程中，可以检测源代码的错误，根据错误提示修改程序，直至编译成功。

2. 引脚分配

（1）执行 Assignments→Pin Planner 命令，或者单击 ▧ 图标，对引脚进行分配，如图 4-14 所示。本例中开发板输入引脚有复位引脚（rst_n）、时钟引脚（clk）、接收引脚（uart_rx），输出引脚有发送引脚（uart_tx）。

Node Name	Direction	Location	I/O Bank	VREF Group	I/O Standard	Reserved
⯈ clk	Input	PIN_E15	6	B6_N0	2.5 V (default)	
⯈ rst_n	Input	PIN_M16	5	B5_N0	2.5 V (default)	
⯈ uart_rx	Input	PIN_C8	8	B8_N0	2.5 V (default)	
⬉ uart_tx	Output	PIN_D8	8	B8_N0	2.5 V (default)	
<<new node>>						

图 4-14　串口通信电路引脚分配图

（2）执行 Processing→Start→Start Analysis & Synthesis 命令，或者单击 ▸ 图标，进行分析和综合，将设计映射到具体器件的基本模块上。

3. 芯片配置

（1）执行 Assignments→Devices 命令，在弹出的 Device 配置对话框中，单击 Device and Pin Options 按钮。

（2）在目标芯片属性对话框中，选择左侧的 Configuration 选项，勾选右侧的 Use configuration device 复选框，并在下拉列表中选择配置芯片 EPCS64。此外，还可根据开发板的情况修改 Unused Pins（未使用引脚）、Dual-Purpose Pins（双用引脚）、Voltage（I/O 电压、内核电压）等参数。

4. 编译

再次执行 Processing→Start Compilation 命令或单击 ▸ 图标，编译文件。编译过程中如果报错，可根据错误提示重新检查引脚分配或芯片设置，直至编译成功。

5. 下载调试

1）硬件连接

将 Altera 的 USB-Blaster 下载器，一端接计算机的 USB 接口，另一端接开发板的"JTAG" 10 针接口，检查无误后上电。

2）选择下载硬件

执行 Tool→Programmer 命令或者单击 ▧ 图标，弹出 Programmer 窗口，单击 Hardware Setup 按钮，选择 USB-Blaster 下载器。一般需要通过 Windows 系统提前安装硬件驱动程序，才可以看见硬件。

3）下载

选择下载器后，在 Programmer 窗口中将显示"USB-Blaster[USB-0]"，表明下载器已添加。在 Mode 下拉列表中选择"JTAG"下载模式。然后单击左侧的 Add File 按钮，选择 uart_top.sof 文件，勾选 Program/Configure 列中复选框。最后，单击 Start 按钮，开始下载调试。当下载进度条到 100%时，即可在开发板上操作。打开串口调试助手，设置串口号与波特率，打开串口。在发送区输入字符，单击"发送"按钮，即可在串口数据接收区看到发送的字符，如图 4-15 所示。

图 4-15 串口通信回环实验结果图

任务 4.4 I²C 总线接口设计

4.4.1 任务要求与分析

设计一个 I²C 总线接口芯片 AT24C02 的读写控制器，实现主机向从机发送数据，即 FPGA（主机）向 EEPROM（从机）写入数据（0100_1010）；主机接收从机的数据，即 FPGA

（主机）从 EEPROM（从机）读出数据（0100_1010），并将这个数据通过 LED 灯来验证（1010）。

I²C 总线的读/写过程如下。

（1）主机通过 I²C 总线向从机中写入数据，其写入顺序图如图 4-16 所示。

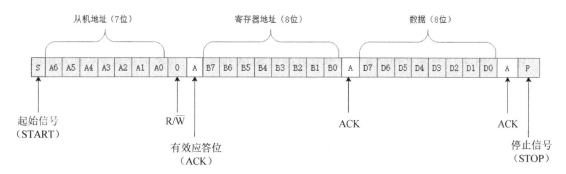

图 4-16　主机通过 I²C 总线向从机中写入数据的顺序图

注意： 图 4-16 中灰色部分表示主机正在控制 SDA 信号线，白色部分表示从机正在控制 SDA 信号线。

写过程如下：

① 主机首先发送一个起始信号（S）。

② 主机将从机的 7 位设备地址（A6~A0）后面添加一个 0（0：主机向从机写入数据，1：主机从从机中读出数据）组成一个 8 位数据（A6~A0，R/$\overline{\text{W}}$），将这 8 位数据发送给从机。主机发送完这 8 位数据后马上释放 SDA 信号线，等待从机应答。若从机正确接收到这个数据，从机就发送一个有效应答信号（A）给主机，告诉主机自己已经接收到数据。

③ 主机接收到从机的有效应答信号后，主机发送想要写入的寄存器地址（B7~B0）给从机。寄存器地址发送完毕之后，主机释放 SDA 信号线，等待从机应答。若从机正确接收到主机发过来的寄存器地址，从机再次发送一个有效应答信号（A）给主机。

④ 主机接收到从机的有效应答信号之后，接下来主机给从机发送想要写入从机的数据（D7~D0），发送完后主机释放 SDA 信号线，等待从机应答。若从机正确接收到主机发送的数据，从机发送一个有效应答信号（A）给主机。

⑤ 主机接收到有效应答信号之后给从机发送一个停止信号（P），整个传输过程结束。

（2）主机通过 I²C 总线从从机中读出数据，其顺序图如图 4-17 所示。

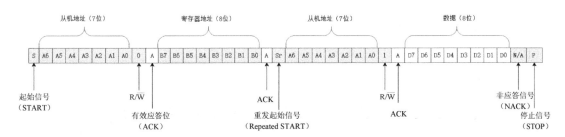

图 4-17　主机通过 I²C 总线从从机中读数据的顺序图

注意： 图 4-17 中灰色部分表示主机正在控制 SDA 信号线，白色部分表示从机正在控制 SDA 信号线。注意与写入数据过程的区别。

读过程如下：

① 主机首先发送一个起始信号（S）。

② 主机将从机的 7 位设备地址（A6~A0）后面添加一个 0（0：主机向从机写入数据，1：主机从从机中读出数据）组成一个 8 位数据，将这 8 位数据发送给从机。主机发送完这 8 位数据后马上释放 SDA 信号线，等待从机应答。若从机正确接收到这个数据，从机就发送一个有效应答信号（A）给主机，告诉主机自己已经接收到数据。

③ 主机接收到从机的有效应答信号后，主机发送想要读取的寄存器地址（B7~B0）给从机。寄存器地址发送完毕之后，主机释放 SDA 信号线，等待从机应答。若从机正确接收到主机发过来的寄存器地址，从机再次发送一个有效应答信号（A）给主机。

④ 主机接收到从机的有效应答信号之后，主机再次给从机发送起始信号（Sr），接着主机将从机的 7 位设备地址（A6~A0）后面添加一个 1 组成一个 8 位数据（注意：第一次是在 7 位设备地址后添加 0，第二次即本次是在 7 位设备地址后添加 1），将这 8 位数据发送给从机。主机发送完这 8 位数据后，马上释放 SDA 信号线，等待从机应答。若从机正确接收到主机发送的数据，从机发送一个有效应答信号（A）给主机，告诉主机自己已经接收到数据。

⑤ 从机继续占用 SDA 信号线给主机发送寄存器中的数据（D7~D0），发送完后，主机再次占用 SDA 信号线发送一个非应答信号（N/A）给从机。

⑥ 主机向从机发送一个停止信号（P），整个传输过程结束。

4.4.2　I²C 总线通信原理

I²C 总线是由 Philips 公司开发的一种简单、双向二线制同步串行总线。它只需要两根线即可在连接于总线上的器件之间传送信息，用于连接微控制器及其外围设备。I²C 总线具有引脚少、硬件实现简单、可扩展性强的优点。I²C 总线的另一优点是支持多主控模块，总线上任何能够发送/接收数据的设备都可以占领总线。当然，任意时间点上只能存在一个主控点。

I²C 既是一种总线，也是一种通信协议。在嵌入式开发中，通信协议可分为两层：物理层和协议层。物理层是数据在物理媒介中传输的保障；协议层主要规定通信逻辑，统一收发双方的数据打包、解包标准。

1. 物理层

I²C 通信系统接线图如图 4-18 所示。

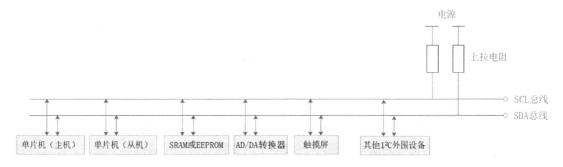

图 4-18　I²C 通信系统接线图

（1）在 I²C 通信总线上，可连接多个 I²C 通信设备，支持多个通信主机和多个通信从机。

（2）I²C 通信只需要两根双向总线：串行数据线（SDA）、串行时钟线（SCL）。SDA 用于传输数据，SCL 用于同步数据收发。

（3）每个连接到总线的设备都有一个独立的地址，主机正是利用该地址对设备进行访问的。

（4）SDA 和 SCL 都需要接上拉电阻，当总线空闲时，两根总线均为高电平。连接到总线上的任意器件输出低电平都会将总线电平拉低。即各器件的 SDA 和 SCL 都是线与的关系。

（5）多个主机同时使用总线时，需要用仲裁方式决定哪个设备占用总线，不然数据将会产生冲突。

（6）串行的 8 位双向数据传输速率在标准模式下可达 100kb/s，快速模式下可达 400kb/s，高速模式下可达 3.4Mb/s。

2. 协议层

协议层规定了通信的起始、停止信号和数据有效性、响应、仲裁同步、地址广播等。

1）起始信号和停止信号

I²C 总线通信由起始信号开始通信，由停止信号停止通信，并释放 I²C 总线。起始信号和停止信号都由主设备发出。

起始信号（S）：在 SCL 为高电平时，SDA 由高电平变为低电平。

停止信号（P）：在 SCL 为高电平时，SDA 由低电平变为高电平。

其时序图如图 4-19 所示。

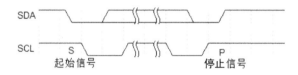

图 4-19　起始信号和停止信号的时序图

2）数据位的有效性规定

用 I²C 总线进行数据传送时，SCL 上的信号为高电平期间，SDA 上的数据必须保持稳定；只有在 SCL 上的信号为低电平期间，SDA 上的数据（高电平或低电平状态）才允许变化，其时序图如图 4-20 所示。

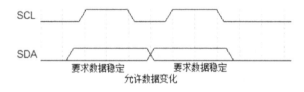

图 4-20　数据位有效性规定的时序图

3）数据的格式与应答

在 I²C 总线上数据以字节（8 位）为单位传输，每字节传输完后都会有一个有效应答信号 ACK。应答信号的时钟是由主机产生的。

有效应答信号（ACK）：拉低 SDA，并在 SCL 为高电平期间保持 SDA 为低电平。

非应答信号（NACK）：不拉低 SDA（此时 SDA 为高电平），并在 SCL 为高电平期间保持 SDA 为高电平。

每当主机向从机发送完一字节的数据，主机总是需要等待从机给出一个有效应答信号，以确认从机是否成功接收到数据。从机应答主机所需要的时钟信号仍是主机提供的，应答出现在每一次主机完成 8 位数据传输后紧跟着的时钟周期，低电平 0 表示有效应答，1 表示非应答，如图 4-21 所示。

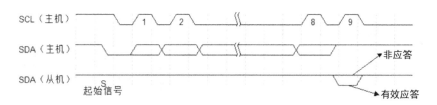

图 4-21　I²C 总线应答时序图

3. EEPROM 介绍（AT24C 系列）

AT24C 系列是美国 Atmel 公司推出的串行 COMS 型 EEPROM，是典型的串行通信 EEPROM。开发板使用的 EEPROM 是 AT24C02，它是一个串行 CMOS EEPROM，内部有 256 字节。该器件通过 I²C 总线接口进行操作，有专门的写保护功能。它与 I²C 总线的接口电路如图 4-22 所示。

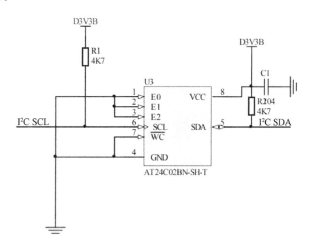

图 4-22　AT24C02 与 I²C 总线的接口电路

E0、E1、E2 是设备地址输入端，一般将其置"0"，接地线。$\overline{WC}$ 为写保护端，当它与 GND 连接时，写保护输入允许正常的写操作。

AT24C02 芯片的地址为 1010，其地址控制字格式为：1，0，1，0，E2，E1，E0，R/W。

其中，E2、E1、E0 为可编程地址选择位；R/W 为芯片读写控制位，该位为 0，表示芯片进行写操作。

4.4.3　顶层设计

从设计框图可知，这里将 I²C 模块嵌入 AT24C02 的读写控制器中，相当于一个 IP 核，其顶层设计 RTL 模型如图 4-23 所示。

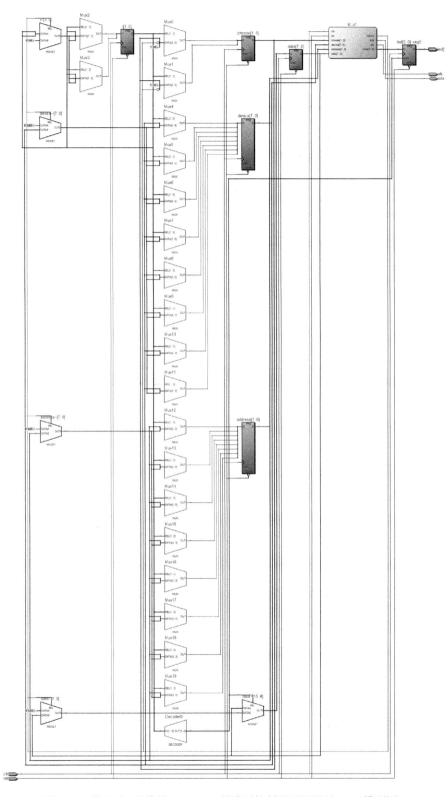

图 4-23　基于 I²C 总线的 AT24C02 的读写控制器顶层设计 RTL 模型图

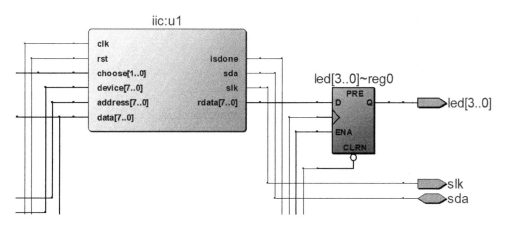

图 4-23　基于 I²C 总线的 AT24C02 的读写控制器顶层设计 RTL 模型图（续）

4.4.4　设计源代码

1. I²C 通信顶层模块

```
module iic_test(clk,rst,led,slk,sda);
    input clk;
    input rst;
    output reg [3:0]led;        //读取数据，用 LED 灯显示
    output slk;
    inout sda;                  //数据端
    wire isdone;
    wire [7:0]rdata;

    iic u1(.clk(clk),
      .rst(rst),
      .choose(choose),
      .device(device),
      .address(address),
      .data(data),
      .rdata(rdata),
      .slk(slk),
      .sda(sda),
      .isdone(isdone)
    );
```

```
reg [1:0]choose;
reg [1:0]i;
reg [7:0]device;
reg [7:0]address;
reg [7:0]data;
always@(posedge clk or negedge rst)
if(!rst)
  begin
        choose<=2'b00;
        i<=2'b0;
        device<=8'b0;
        address<=8'b0;
        data<=8'b0;
        led<=4'd0;
  end
else
    case(i)
        0:if(1sdone)
            begin
                choose<=2'b00; i<=i+1'b1;
            end
          else
            begin
                choose<=2'b01;              //写操作
                device<=8'b10100000;        //从机设备地址
                address<=8'b00000000;       //寄存器地址
                data<=8'h4a;                //写入数据，即低 4 位为 LED 灯显示结果
            end
        1:if(isdone)
            begin
                choose<=2'b00; i<=i+1'b1;
            end
          else
            begin
                choose<=2'b10;
                device<=8'b10100000;
                address<=8'b00000000;
```

```
                    //data<=8'h2a;
              end
          2: led<=rdata[3:0];
      endcase
endmodule
```

2. I²C 读写模块

```
module iic(clk,rst,choose,device,address,data,rdata,slk,sda,isdone);
    input clk;
    input rst;
    input [1:0]choose;         //选择读或写
    input [7:0]device;         //从机地址
    input [7:0]address;        //寄存器地址
    input [7:0]data;           //写入数据
    output reg [7:0]rdata;     //读取数据
    output reg slk;
    inout reg sda;
    output reg isdone;         //应答信号
    parameter r100K = 9'd500;


    reg [5:0]i;
    reg [15:0]clkcount;
    reg isask;
    always@(posedge clk or negedge rst)
    if(!rst)
      begin
          rdata<=8'b0;
          slk<=1'b1;
          sda<=1'b1;
          i<=6'd0;
          clkcount<=16'd0;
          isask<=1'b0;
          isdone<=1'b0;
      end
    else if(choose[0])         //开始写一个数的地址
      begin
        case(i)
```

```
        0:begin              //启动信号
          if(clkcount==16'd499)
                begin
                     clkcount<=16'd0; i<=i+1'b1;
                end
             else
               clkcount<=clkcount+1'b1;
           if(clkcount==16'd0)
               slk<=1'b1;
             else if(clkcount==16'd350)
                 slk<=1'b0;
           if(clkcount==16'd0)
               sda<=1'b1;
             else if(clkcount==16'd250)
      sda<=1'b0;
   end
//写设备地址（8 位）
   1,2,3,4,5,6,7,8:begin
       if(clkcount==16'd499)
             begin
                  clkcount<=16'd0;  i<=i+1'b1;
              end
      else
             clkcount<=clkcount+1'b1;
         if(clkcount==16'd0)  slk<=1'b0;
             else if(clkcount==16'd100)  slk<=1'b1;
               else if(clkcount==16'd300)
             slk<=1'b0;
             sda<=device[8-i];
             end
   //释放总线，设为高阻态
   9:begin //准备接收应答信号
       if(clkcount==16'd499)
   begin
       clkcount<=16'd0;
       i<=i+1'b1;
       //总线重新让主机控制
```

```
            sda<=1'b1;
    end
    else
    clkcount<=clkcount+1'b1;
    if(clkcount==16'd0)  slk<=1'b0;
    else if(clkcount==16'd100)  slk<=1'b1;
    else if(clkcount==16'd300)
        slk<=1'b0;
        sda<=1'bz;
    if(clkcount==16'd200)  isask<=sda;
     end
10: if(isask!=0)//应答信号
 i<=6'd0;
 else
 i<=i+1'b1;
//写字节地址（8 位）
11,12,13,14,15,16,17,18:begin
      if(clkcount==16'd499)
 begin
      clkcount<=16'd0;  i<=i+1'b1;
 end
 else
      clkcount<=clkcount+1'b1;

 if(clkcount==16'd0) slk<=1'b0;
 else if(clkcount==16'd100) slk<=1'b1;
 else if(clkcount==16'd300) slk<=1'b0;
      sda<=address[18-i];
    end
//释放总线，设为高阻态
19:begin
    if(clkcount==16'd499)
 begin
 clkcount<=16'd0;
 i<=i+1'b1;
 //总线重新让主机控制
 sda<=1'b1;
```

```
            end
        else
        clkcount<=clkcount+1'b1;

        if(clkcount==16'd0) slk<=1'b0;
        else if(clkcount==16'd100) slk<=1'b1;
        else if(clkcount==16'd300) slk<=1'b0;
        sda<=1'bz;
        if(clkcount==16'd200) isask<=sda;
            end
    20: if(isask!=0)  i<=6'd0;
        else  i<=i+1'b1;
// 写字节数据（8 位）
    21,22,23,24,25,26,27,28: begin
            if(clkcount==16'd499)
        begin
            clkcount<=16'd0;  i<=i+1'b1;
        end
        else clkcount<=clkcount+1'b1;

        if(clkcount==16'd0) slk<=1'b0;
        else if(clkcount==16'd100) slk<=1'b1;
        else if(clkcount==16'd300) slk<=1'b0;
            sda<=data[28-i];
end
    //释放总线，设为高阻态
    29:begin
        if(clkcount==16'd499)
        begin
            clkcount<=16'd0;
            i<=i+1'b1;
        //总线重新让主机控制
            sda<=1'b0;
        end
        else clkcount<=clkcount+1'b1;
        if(clkcount==16'd0) slk<=1'b0;
        else if(clkcount==16'd100) slk<=1'b1;
```

```
        else if(clkcount==16'd300) slk<=1'b0;
            sda<=1'bz;
        if(clkcount==16'd200)  isask<=sda;
          end
      30: if(isask!=0)  i<=6'd0;
      else i<=i+1'b1;
    31:begin  //结束信号
        if(clkcount==16'd499)
      begin
          clkcount<=16'd0;  i<=i+1'b1;
      end
      else clkcount<=clkcount+1'b1;
      if(clkcount==16'd0) slk<=1'b0;
            else if(clkcount==16'd200) slk<=1'b1;
            if(clkcount==16'd0) sda<=1'b0;
             else if(clkcount==16'd300) sda<=1'b1;
      end
    32: begin
      i<=i+1'b1; isdone<=1'b1;
    end
    33: begin
      i<=6'd0; isdone<=1'b0;
        end
endcase
end
else if(choose[1])     //开始读一个数的地址
  begin
  case(i)
  0: begin              //启动信号
    if(clkcount==16'd499)
    begin
        clkcount<=16'd0;  i<=i+1'b1;
    end
    else  clkcount<=clkcount+1'b1;
    if(clkcount==16'd0)  slk<=1'b1;
    else if(clkcount==16'd350)  slk<=1'b0;
    if(clkcount==16'd0)  sda<=1'b1;
```

```
        else if(clkcount==16'd250) sda<=1'b0;
    end
//写设备地址
    1,2,3,4,5,6,7,8:begin
        if(clkcount==16'd499)
        begin
            clkcount<=16'd0;  i<=i+1'b1;
        end
    else  clkcount<=clkcount+1'b1;

    if(clkcount==16'd0) slk<=1'b0;
    else if(clkcount==16'd100)  slk<=1'b1;
    else if(clkcount==16'd300)  slk<=1'b0;
        sda<=device[8-i];
    end
//释放总线，设为高阻态
9:begin
    if(clkcount==16'd499)
    begin
        clkcount<=16'd0;
        i<=i+1'b1;
        //总线重新让主机控制
        sda<=1'b1;
    end
    else  clkcount<=clkcount+1'b1;
    if(clkcount==16'd0) slk<=1'b0;
        else if(clkcount==16'd100) slk<=1'b1;
            else if(clkcount==16'd300) slk<=1'b0;
        sda<=1'bz;
            if(clkcount==16'd200)  isask<=sda;
    end
10: if(isask!=0) i<=6'd0;
    else i<=i+1'b1;
    //写寄存器字节地址
11,12,13,14,15,16,17,18:begin
        if(clkcount==16'd499)
            begin
```

```
          clkcount<=16'd0;  i<=i+1'b1;
          end
    else clkcount<=clkcount+1'b1;
    if(clkcount==16'd0) slk<=1'b0;
    else if(clkcount==16'd100) slk<=1'b1;
    else if(clkcount==16'd300)  slk<=1'b0;
    sda<=address[18-i];
    end
```

//释放总线，设为高阻态

```
19:begin
    if(clkcount==16'd499)
      begin
                clkcount<=16'd0;
                i<=i+1'b1;
```

//总线重新让主机控制

```
                sda<=1'b1;
      end
    else  clkcount<=clkcount+1'b1;
    if(clkcount==16'd0)  slk<=1'b0;
      else if(clkcount==16'd100)  slk<=1'b1;
      else if(clkcount==16'd300)  slk<=1'b0;
      sda<=1'bz;
      if(clkcount==16'd200)    isask<=sda;
    end
 20: if(isask!=0)  i<=6'd0;
  else i<=i+1'b1;
```

//再来一次起始信号

```
 21: begin
  if(clkcount==16'd499)
      begin
          clkcount<=16'd0;  i<=i+1'b1;
      end
  else   clkcount<=clkcount+1'b1;

  if(clkcount==16'd0) slk<=1'b1;
      else if(clkcount==16'd350) slk<=1'b0;
      if(clkcount==16'd0) sda<=1'b1;
```

```
        else if(clkcount==16'd250) sda<=1'b0;
        end
    //从机地址
    22,23,24,25,26,27,28: begin
        if(clkcount==16'd499)
            begin
                clkcount<=16'd0;  i<=i+1'b1;
            end
        else  clkcount<=clkcount+1'b1;

        if(clkcount==16'd0) slk<=1'b0;
        else if(clkcount==16'd100) slk<=1'b1;
        else if(clkcount==16'd300) slk<=1'b0;
        sda<=device[29-i];
         end
    29: begin
        if(clkcount==16'd499)
        begin
            clkcount<=16'd0;  i<=i+1'b1;
        end
        else  clkcount<=clkcount+1'b1;

        if(clkcount==16'd0) slk<=1'b0;
        else if(clkcount==16'd100)    slk<=1'b1;
        else if(clkcount==16'd300)    slk<=1'b0;
    //最后一位为1，表示进行读操作
        sda<=1'b1;
         end
    //释放总线，设为高阻态
    30:begin
        if(clkcount==16'd499)
        begin
        clkcount<=16'd0;
        i<=i+1'b1;
        //总线重新让主机控制
        //sda<=1'b1;
        end
```

```
    else  clkcount<=clkcount+1'b1;


     if(clkcount==16'd0) slk<=1'b0;
     else if(clkcount==16'd100) slk<=1'b1;
     else if(clkcount==16'd300) slk<=1'b0;
     sda<=1'bz;
     if(clkcount==16'd200) isask<=sda;
      end
  31: if(isask!=0)  i<=6'd0;
     else  i<=i+1'b1;
```
//开始读数据
```
  32,33,34,35,36,37,38,39: begin
      if(clkcount==16'd499)
    begin
       clkcount<=16'd0; i<=i+1'b1;
    end
    else   clkcount<=clkcount+1'b1;


    if(clkcount==16'd0) slk<=1'b0;
    else if(clkcount==16'd100) slk<=1'b1;
    else if(clkcount==16'd300) slk<=1'b0;


    if(clkcount==16'd200) rdata[39-i]<=sda;


        sda<=1'bz;
    end
    //释放总线，设为高阻态
  40:begin
    if(clkcount==16'd499)
    begin
       clkcount<=16'd0; i<=i+1'b1;
    end
    else    clkcount<=clkcount+1'b1;


    if(clkcount==16'd0) slk<=1'b0;
    else if(clkcount==16'd100) slk<=1'b1;
    else if(clkcount==16'd300) slk<=1'b0;
```

```
            sda<=1'b0;
        end
//停止信号
    41: begin
    if(clkcount==16'd499)
     begin
     clkcount<=16'd0;  i<=i+1'b1;
     end
    else   clkcount<=clkcount+1'b1;

     if(clkcount==16'd0) slk<=1'b0;
     else if(clkcount==16'd200) slk<=1'b1;

     if(clkcount==16'd0)  sda<=1'b0;
     else if(clkcount==16'd300)  sda<=1'b1;
    end
    42: begin
        i<=i+1'b1; isdone<=1'b1;
      end
    43: begin
        i<=6'd0; isdone<=1'b0;
      end
  endcase
 end
endmodule
```

4.4.5 项目调试

1. 创建工程，编辑调试代码

（1）创建一个不含中文的目录 "…\iic"，用于存放整个工程项目。

（2）启动 Quartus II 开发环境，执行 File→New Project Wizard 命令，创建工程，根据向导提示指定工程目录为 "…\iic_test"，工程名为 "iic_test"，顶层模块名为 "iic_test"。然后，指定开发板上对应的 FPGA 芯片，比如前面设计的开发板 "EP4CE6F17C8"。最后，单击 Finish 按钮，完成工程创建。

（3）执行 File→New 命令，向工程中添加 Verilog HDL 文件。在文本编辑区编写 "I²C 总线接口"源代码，并保存到工程文件夹根目录下。本例中只有一个文件，所以文件名与顶层模块名一样，即"iic_test.v"。

（4）执行 Processing→Start Compilation 命令或单击 ✎ 图标，编译文件。编译过程中，可以检测源代码的错误，根据错误提示修改程序，直至编译成功。

2. 引脚分配

（1）执行 Assignments→Pin Planner 命令，或者单击 ▨ 图标，对引脚进行分配，如图 4-24 所示。本例中开发板输入引脚有复位引脚（rst）、时钟引脚（clk），双向引脚有 I²C 数据引脚（sda），输出引脚有 I²C 时钟引脚（slk），LED 灯引脚 led[3]~ led[0]。

Node Name	Direction	Location	I/O Bank	VREF Group	I/O Standard	Reserved
clk	Input	PIN_E15	6	B6_N0	2.5 V (default)	
led[3]	Output	PIN_G5	1	B1_N0	2.5 V (default)	
led[2]	Output	PIN_F3	1	B1_N0	2.5 V (default)	
led[1]	Output	PIN_D3	8	B8_N0	2.5 V (default)	
led[0]	Output	PIN_D1	1	B1_N0	2.5 V (default)	
rst	Input	PIN_M16	5	B5_N0	2.5 V (default)	
sda	Bidir	PIN_C2	1	B1_N0	2.5 V (default)	
slk	Output	PIN_D5	8	B8_N0	2.5 V (default)	
<<new node>>						

图 4-24　基于 I²C 总线的 AT24C02 的读写控制器电路引脚分配图

（2）执行 Processing→Start→Start Analysis & Synthesis 命令，或者单击 ▸ 图标，进行分析和综合，将设计映射到具体器件的基本模块上。

3. 芯片配置

（1）执行 Assignments→Devices 命令，在弹出的 Device 配置对话框中，单击 Device and Pin Options 按钮。

（2）在目标芯片属性对话框中，选择左侧的 Configuration 选项，勾选右侧的 Use configuration device 复选框，并在下拉列表中选择配置芯片 EPCS64。此外，还可根据开发板的情况修改 Unused Pins（未使用引脚）、Dual-Purpose Pins（双用引脚）、Voltage（I/O 电压、内核电压）等参数。

4. 编译

再次执行 Processing→Start Compilation 命令或单击 ▸ 图标，编译文件。编译过程中如果报错，可根据错误提示重新检查引脚分配或芯片设置，直至编译成功。

5. 下载调试

1）硬件连接

将 Altera 的 USB-Blaster 下载器，一端接计算机的 USB 接口，另一端接开发板的"JTAG"
10 针接口，检查无误后上电。

2）选择下载硬件

执行 Tool→Programmer 命令或者单击 ✍ 图标，弹出 Programmer 窗口，单击 Hardware
Setup 按钮，选择 USB-Blaster 下载器。一般需要通过 Windows 系统提前安装硬件驱动程序，
才可以看见硬件。

3）下载

选择下载器后，在 Programmer 窗口中将显示 "USB-Blaster[USB-0]"，表明下载器已添
加。在 Mode 下拉列表中选择"JTAG"下载模式。然后单击左侧的 Add File 按钮，选择 iic_test.sof
文件，勾选 Program/Configure 列中复选框。最后，单击 Start 按钮，开始下载调试。当下载
进度条到 100% 时，即可看到开发板上 I^2C 总线读取 EEPROM（AT24C02）的数据低 4 位的
LED 灯显示效果，如图 4-25 所示。当输入数据为 4'h4a 时，显示"1010"；当输入数据为 4'h42
时，显示"0010"。

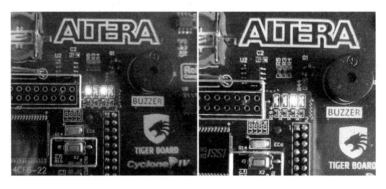

图 4-25　I^2C 总线读取 EEPROM（AT24C02）数据的低 4 位的 LED 灯显示效果图

任务 4.5　基于软核 Nios II 的数码管动态扫描设计

4.5.1　任务要求与分析

设计一个基于 FPGA 的软核处理器，并利用该软核处理器控制数码管动态显示，理解

SOPC（System on a Programmable Chip，片上可编程系统）的概念，掌握 SoC（System on a Chip，片上系统）技术在 FPGA 上实现的方法。

根据单片机控制数码管动态显示的原理分析，动态显示指的是每隔一段时间循环点亮一个数码管，每次只能让一个数码管被点亮。利用人眼的视觉暂留效应，当循环点亮的时间很短时，可以看到各个数码管稳定显示数字。由此可知，整个设计需要一个 CPU，为数码管提供段码的 8 位 I/O 口和为数码管提供位码的 6 位 I/O 口以及提供点亮时间的定时器，控制数码管动态显示的系统架构图如图 4-26 所示。

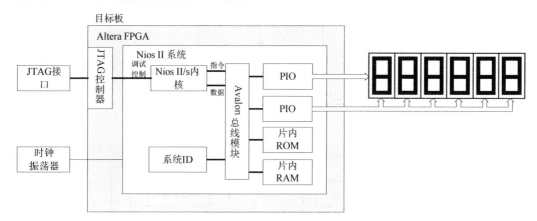

图 4-26　控制数码管动态显示的系统架构图

4.5.2　设计原理

SOPC 好比一块加强版的单片机，其优势在于可以根据需要灵活添加各种外设。而不像传统的单片机那样，设计人员需要去查看器件手册，为寻找一个满足不同外设的处理器而烦恼。SOPC 可以直接在软核上设计外设时定制并行 I/O 口，不会浪费资源。一般 SOPC 平台所涉及的 IP 模块包括软核处理器、Avalon 总线、存储器、JTAG-UART 通信端口及所需的外设模块。

Altera 公司提供了两个配套的软件：Quartus II 和 Nios II IDE。利用 Quartus II 的 SOPC Buider 创建 SOPC 架构，形成硬件嵌入式系统，并以此为基础在 Nios II IDE 软件环境下进行源代码的编写。其中，SOPC Buider 是借助于 Quartus II 的一个自动化的系统开发工具，它能帮助设计者迅速地调用和集成内建的 IP 核库，构建一个从硬件到软件的完整系统。Nios II IDE 是基于 Eclipse IDE 架构的软件开发系统，能实现在没有目标板的情况下，使用编译、连接等命令进行虚拟调试仿真。如果有目标板，用户就可以使用下载电缆下载代码到目标板上进行调试运行。

　　基于 Nios II 的 SOPC 设计分为硬件构建和软件开发两个部分。硬件设计在 SOPC Buider 和 Quartus II 中完成，并自动生成相应的软件开发包 SDK。借助于 SDK，采用常用的汇编语言或 C 语言、C++语言等语言进行软件程序设计，最后在 GNU 工具或者第三方工具下进行编译调试。基于 Nios II 的 SOPC 的开发流程如图 4-27 所示。

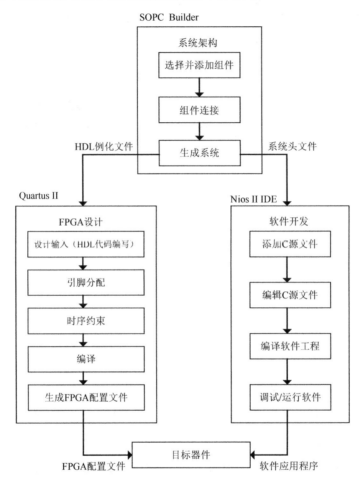

图 4-27　基于 Nios II 的 SOPC 的开发流程图

4.5.3　硬件环境设计

　　Nios 开发与单片机设计很相似，只不过需要开发人员利用 FPGA 构建一个 CPU。这个 CPU 就是在 Quartus II 软件的 SOPC Builder 环境下生成的 Nios II 系统，然后将 Nios II 系统在 Quartus II 中进行分析综合、配置下载和硬件系统测试等。

1. Quartus II 工程创建

与一般的 FPGA 开发流程一样，先创建 Quartus II 工程，选择与实验平台一致的 FPGA 芯片。这里需要注意的是，输入方式不再是 Verilog HDL 文件而是图形文件，即选择 BDF 块图文件。

2. Nios 软核设计

首先，进入 SOPC Builder 环境下，在添加任何模块之前，先设置系统频率，它应与外部晶振一致。然后，依次构建 CPU、SDRAM 和 EPCS、SYSTEM ID 和 JTAG UART 等 IP 模块，它们构成了 Nios 的最小系统。其中 CPU 模块有三种类型：Nios II/f（快速）、Nios II/s（标准）、Nios II/e（经济）。根据 FPGA 的资源与需求选择其中一种。SDRAM 模块用来控制 FPGA 片外的 SDRAM 存储器，所以其位宽与地址要与实验平台的 SDRAM 芯片一致。EPCS 模块用来控制 FPGA 片外的 Flash 存储器，就是配置芯片。SYSTEM ID 模块是用来校验的只读器件，可防止系统异常，即实现 SOPC 软硬件环境的匹配。JTAG UART 模块实现 Nios II 软核与计算机的通信。以上模块构建完成并经编译后可在 Nios II IDE 中进行最简单的 hello_world 程序的开发测试。

在完成基本 Nios 结构的设计之后，需要构建 Avalon 总线，它是系统外设与 Nios 处理器连接的桥梁，通过 Avalon 总线，Nios 处理器可与外界进行数据交换。然后，就是外设的创建了。本例中依据系统架构图需要再添加定时器（Timer）和两个用来进行数码管的位选和段选的并行端口（PIO）。

定时器是用于对时钟周期进行计数并产生周期性中断信号的硬件外围设备。Nios 定时器是 32 位的内部定时器，通过写控制寄存器对它进行操作。定时器的寄存器定义如表 4-1 所示。由于定时器需要与 16 位 Nios 系统集成，一般 Nios 系统能访问的都是 16 位寄存器。当要设置 32 位定时器的周期时，所用的 32 位 Nios 就需要对两个 16 位寄存器（periodl 和 periodh）执行两次独立的写操作。通过编程写 snapl 或 snaph 寄存器来读取内部计数器的值。Nios 定时器由系统主时钟驱动。

表 4-1　定时器的寄存器定义

A2~A0	寄存器名称	读写属性	描述/寄存器位					
			15	．．．	3	2	1	0
0	status	可读可写					run	to
1	control	可读可写			stop	start	cont	ito
2	periodl	可读可写	超时周期-1（第 0~15 位）					

A2~A0	寄存器名称	读写属性	描述/寄存器位					
			15	...	3	2	1	0
3	periodh	可读可写	超时周期-1（第 16~31 位）					
4	snapl	可读可写	超时计数器的快照（第 0~15 位）					
5	snaph	可读可写	超时计数器的快照（第 16~31 位）					

可编程并行 I/O（PIO）模块具有 Avalon 接口的 PIO 核。它的 I/O 口不仅可以连接片内逻辑而且可以连接片外逻辑，可以配置为输入、输出或双向三种方式。每个 PIO 核可以提供最多 32 个 I/O 口。在 SOPC 开发环境中，可以对 PIO 模块进行逻辑及接口信号的定义。在输入或输出模式下直接使用 iord/iowr 函数对其进行操作，或者直接对其地址进行操作。PIO 的寄存器如表 4-2 所示。

表 4-2 PIO 的寄存器

地址	寄存器名称		读写属性	说　　明
0	data	读	只读	PIO 输入
		写	只写	PIO 输出
1	direction		可读可写	数据方向（可选）：对每一个 PIO 位进行控制
2	interruptmask		可读可写	中断掩码（可选）：开/关中断
3	edgecapture		可读可写	边沿触发（可选）：进行边沿检测和保持

根据 PIO 寄存器在 PIO 模块中设置端口的位宽、方向、中断和触发方式等，比如本例中需设置两个 PIO 核，其中一个作为数码管的段码输出 I/O 口，位宽为 8，方向为输出；另一个为数码管的位码输出 I/O 口，位宽为 6，方向为输出。

至此，基于 Nios II 的数码管动态显示的 SOPC 各 IP 模块已设置完成，其设置结果如图 4-28 所示。完成 IP 模块定制后，需要对复位向量和异常向量进行初始地址设置，再自动分配空间地址与中断地址，完成整个软核系统的构建，即完成 SOPC 硬件系统的配置。

3. 系统集成

为了满足 Nios 软核的需要，还要构建一个 PLL 锁相环。利用 FPGA 自带的 IP 核将实验平台的晶振进行倍频，以适应软核的需求。将其创建的 PLL 时钟模块与前面构造的 Nios II 软核模块连接，对其进行引脚分配，实现虚拟引脚与真实引脚的连接。引脚分配的方式有两种：一种与 FPGA 开发一样，选择 Assignments→Pin Planner 命令对引脚逐一进行分配；另一种是利用 Tcl 脚本文件进行引脚分配，一次到位。其引脚分配的结果如图 4-29 所示。

前述的工作完成后，需要对 Quartus II 工程进行配置。首先选择与实验平台对应的配置芯片（EPCS）；将未使用的引脚设为三态；双用引脚设为用户使用规则 I/O 口。然后回到 Quartus II 界面保存，最后编译生成配置文件，完成 SOPC 硬件设计。其中生成的 SOF 文件即可下载到 FPGA 上构建硬件系统，好比一个定制的单片机，剩下的工作就是软件程序的编写了。

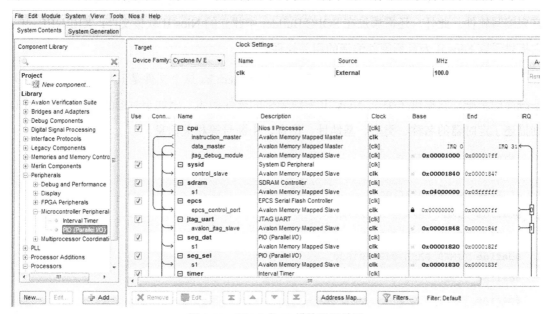

图 4-28　SOPC 各 IP 模块设置结果

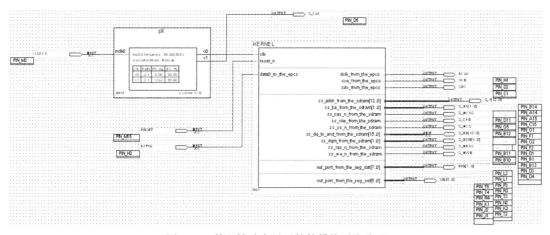

图 4-29　数码管动态显示软核模块引脚分配

4.5.4　软件程序开发

1. 创建 IDE 工程

Nios II IDE 是基于 Nios II 的 SOPC 的软件开发工具。开发设计人员仅需一片 Altera 的

FPGA、一根 JTAG 下载线和一台计算机，就能够对 Nios II 软核系统进行程序写入，并和 Nios II 处理器进行通信。整个软件开发过程都可在 Nios II IDE 下完成。

启动 Nios II IDE 后，创建 IDE 工程，选择 Nios II C/C++ Application，这样就可用 C 语言来编写软件。此外，还需添加在 SOPC Builder 中建立的 Nios II 软核文件：KERNEL.ptf。它提供了以 Nios II 为目标硬件编译的相关软件。

编译后，将生成一个比较重要的系统头文件：system.h。这个文件是 HAL（硬件抽象层）系统库的基础，它提供了关于 Nios II 系统硬件的软件描述。例如定时器的配置描述，它详细描述了定时器的名称、类型、基地址、位宽、中断号等相关信息。

定时器的头文件如下：

```
/* timer configuration*/
#define TIMER_NAME "/dev/timer"
#define TIMER_TYPE "altera_avalon_timer"
#define TIMER_BASE 0x00001800
#define TIMER_SPAN 32
#define TIMER_IRQ 2
#define TIMER_IRQ_INTERRUPT_CONTROLLER_ID 0
#define TIMER_ALWAYS_RUN 0
#define TIMER_FIXED_PERIOD 0
#define TIMER_SNAPSHOT 1
#define TIMER_PERIOD 1
#define TIMER_PERIOD_UNITS "ms"
#define TIMER_RESET_OUTPUT 0
#define TIMER_TIMEOUT_PULSE_OUTPUT 0
#define TIMER_LOAD_VALUE 99999
#define TIMER_COUNTER_SIZE 32
#define TIMER_MULT 0.0010
#define TIMER_TICKS_PER_SEC 1000
#define TIMER_FREQ 100000000
#define ALT_MODULE_CLASS_timer altera_avalon_timer
```

2. 底层硬件

工程创建好后，需要添加一些硬件系统的相关文件。首先给工程建立一个文件夹（inc），添加在 Nios II 软核中建立的外设头文件，根据系统头文件 system.h 中关于定时器和数码管的段选与位选的 PIO 描述来编写相应的头文件，查找 Quartus II 手册中嵌入式外设关于定时器与 PIO 的说明，创建相应的结构体，利用指针指向对应的基地址、寄存器、位宽、I/O 方向等相关参数。另外，根据需要创建一个驱动文件夹（driver），本例中没有用到硬件驱动程序，故不需编写驱动程序头文件。

3. 应用层软件开发

在硬件相关 IP 模块的头文件编写完成后，即可创建 main 文件夹，编写数码管动态显示源代码。采用定时器中断来实现扫描延时，再将显示数字输出到数码管中。

定时器初始化函数代码如下：

```
static void timer_init(void)
{
  IOWR_ALTERA_AVALON_TIMER_STATUS(TIMER_BASE, 0);          /*使定时器初值为零*/
  IOWR_ALTERA_AVALON_TIMER_PERIODL(TIMER_BASE,200000);
  /*给定时器的低 16 位写入数据，定时时长为 2ms*/
  IOWR_ALTERA_AVALON_TIMER_PERIODH(TIMER_BASE,200000 >> 16);
  /*给定时器的高 16 位写入数据*/
  IOWR_ALTERA_AVALON_TIMER_CONTROL(TIMER_BASE, 0x07);      /*允许定时器中断，连续计数*/
  alt_irq_register(TIMER_IRQ, NULL, timer_handler);       /*定时器中断*/
}
```

定时器中断服务函数代码如下：

```
static void timer_handler(void *context, alt_u32 id)
{
IOWR_ALTERA_AVALON_PIO_DATA(SEG_SEL_BASE, 0xff);          /*关闭数码管*/
IOWR_ALTERA_AVALON_PIO_DATA(SEG_SEL_BASE, bittab[count]);
/*读位码，选通某位数码管*/
IOWR_ALTERA_AVALON_PIO_DATA(SEG_DAT_BASE,segtab[led_buffer[count]]);
/*给某位数码管送段码*/
  count++;
  if(count==6)
    count=0;
IOWR_ALTERA_AVALON_TIMER_STATUS(TIMER_BASE, 0);          /*状态寄存器清零*/
}
```

主函数显示部分程序如下：

```
while(1)
    {
        sprintf(buf,"%06u",201608);
        /*实现动态显示，若改为 sprintf(buf,"%06u",j++)，则为计数器*/
        for(i=0;i<6;i++)
          {
            led_buffer[i] = buf[5-i]-'0';
          }
        usleep(500000);
    }
```

4. 编译与调试软件

程序编辑完成后，再次进行编译。如何在 FPGA 中运行 Nios II 程序？首先，将计算机与实验平台用 USB-blaster 下载线连接起来。通过 Quartus II 工程的下载工具，将在 SOPC Builder 中建立的 Nios II 软核处理器的配置文件下载到 FPGA 中，建立硬件工作环境。然后，将编写的 Nios 软件程序生成的目标文件写到 Flash 存储器中。Flash 存储器就是配置芯片 M25P16。此时即可运行在 Nios II 工程中编写的程序。数码管动态显示效果如图 4-30、图 4-31 所示。

图 4-30　动态显示"201608"

图 4-31　数码管动态显示效果